微信小程序开发从入门到实战

主　审　李箭飞

主　编　李　阳　李　杨　李　伟

副主编　俎海朵　贡会勇　李　泽

　　　　袁　枫　樊亚栋

北京理工大学出版社

BEIJING INSTITUTE OF TECHNOLOGY PRESS

内 容 简 介

本教材共分 8 个单元，主要内容包括：微信小程序起步、文章列表功能、欢迎页面与文章页面升级、文章详情页面功能、背景音乐与页面分享、电影首页功能、"更多"电影与电影详情、个人功能等。每个单元都以完成综合项目的具体任务为目标，通过任务描述、知识学习和任务实施的方式进行讲解；每个单元还配套了单元自测和上机实战部分，以帮助读者巩固所学知识和提高实践能力。

本教材适合软件技术等专业的学生使用，也可供微信小程序开发者学习和参考。

图书在版编目（CIP）数据

微信小程序开发从入门到实战 / 李阳，李杨，李伟
主编. -- 北京 ：北京理工大学出版社，2024.1
ISBN 978-7-5763-3597-2

Ⅰ. ①微… Ⅱ. ①李… ②李… ③李… Ⅲ. ①移动终端–应用程序–程序设计 Ⅳ. ①TN929.53

中国国家版本馆 CIP 数据核字（2024）第 045963 号

责任编辑：王玲玲　　　文案编辑：王玲玲
责任校对：刘亚男　　　责任印制：施胜娟

出版发行 / 北京理工大学出版社有限责任公司

社　　址 / 北京市丰台区四合庄路 6 号

邮　　编 / 100070

电　　话 / （010）68914026（教材售后服务热线）
　　　　　　　（010）68944437（课件资源服务热线）

网　　址 / http://www.bitpress.com.cn

版 印 次 / 2024 年 1 月第 1 版第 1 次印刷

印　　刷 / 唐山富达印务有限公司

开　　本 / 787 mm×1092 mm　1/16

印　　张 / 19.5

字　　数 / 445 千字

定　　价 / 89.00 元

前　言

在党的二十大报告中，习近平总书记这样强调："教育、科技、人才是全面建设社会主义现代化国家的基础性、战略性支撑。必须坚持科技是第一生产力、人才是第一资源、创新是第一动力，深入实施科教兴国战略、人才强国战略、创新驱动发展战略，开辟发展新领域新赛道，不断塑造发展新动能新优势。"

一、教材特色

本教材正是在这样的背景下应运而生。本教材全面贯彻落实党的二十大精神，以微信小程序开发为主题，通过一个综合项目的实践，帮助读者逐步掌握微信小程序的开发技术和实战应用。教材的设计理念是以项目驱动、任务导向，通过完成具体任务来学习相关知识点，以提高读者的实战能力和综合素质。

我们相信，通过学习本教材，读者将能够掌握微信小程序开发的基本概念和技术要点，了解微信小程序的开发环境和工具，掌握微信小程序的基本组件和数据绑定的使用方法，学会模块化开发和本地缓存的技巧，掌握页面之间的跳转和参数传递，以及微信小程序交互API 的使用。同时，读者还将学习到如何使用微信小程序的多媒体 API，包括图片预览、拍照、语音录制和播放等功能，以及背景音频 API 的使用和页面分享功能的实现，同时，让读者独立完成综合项目中的小程序启动页面、文章模块、电影模块和个人模块等功能模块的开发任务。

在教材的编写过程中，注重培养读者的思想意识和社会责任感。通过思政教育的融入，希望读者能够树立正确的价值观，增强社会责任感和创新精神，积极参与国家的科技创新和发展，为社会进步和国家繁荣贡献自己的力量。

二、教材内容简介

本教材共分为 8 个单元，每个单元都以完成综合项目的具体任务为目标，通过任务描述、知识学习和任务实施的方式进行讲解。每个单元还配套了单元自测和上机实战部分，以帮助读者巩固所学知识和提高实践能力。单元一介绍微信小程序的基本概念和环境搭建，读者将学习如何使用微信小程序开发工具，并完成项目的第一个页面功能实现。单元二重点介绍微信小程序基本组件的使用和数据绑定的基本语法。读者将学习如何创建文章列表功能，并实现文章轮播和文章列表的功能。单元三进一步完善欢迎页面和文章列表功能，介绍微信小程序模块化开发的技巧和本地缓存 API 的使用。此外，还将涵盖页面导航配置、用户登录和授权 API 的基本使用。单元四重点介绍文章详情页面的相关功能。读者将学习页面之间的跳转和参数传递方法，以及微信小程序交互 API 的使用。还将介绍多媒体 API 的使用，包括图片预览、拍照、语音录制和播放等功能。单元五着重介绍文章详情页面的音乐播放和页面分享功能。读者将学习如何使用微信小程序的背景音频 API，以及页面分享和微信群聊 API 的使用。单元六介绍电影模块首页的功能，包括配置选项卡和自定义组件的使用。读者将学习如何创建电影模块的首页，并实现相关功能。单元七重点介绍电影模块的更多电影和电影详情功能。读者将学习如何使用微信小程序的网络请求 API 来获取电影数据。单元八完成个人模块，包括显示个人信息、阅读历史和功能设置功能。读者将学习如何获取用户基本信息、进行数据缓存的异步操作，以及获取系统信息和网络状态的相关 API 的使用。

总之，本教材适合 Web 软件开发专业、Web 前端方向的高职或应用型本科学生。通过学习本教材，学生将全面掌握微信小程序的开发核心知识和实战技巧，并且在思政教育方面也能得到全面发展。

本书由石家庄科技信息职业学院李箭飞担任主审，石家庄科技信息职业学院李阳、李杨和武汉厚溥数字科技有限公司李伟担任主编，石家庄科技信息职业学院俎海朵、贡会勇、李泽和曹妃甸职业技术学院袁枫、山西旅游职业学院樊亚栋担任副主编。

本教材有配套的电子课件、单元任务源代码、项目源代码、工具包等。本教材在编写过程中，得到了编者所在学校领导和同事的帮助，他们提出了许多宝贵的意见和建议，在此表示衷心的感谢。

三、意见与反馈

限于编写时间和编者的水平，书中难免存在不足之处，希望广大读者批评指正。如果有任何问题，欢迎发邮件至邮箱 pondeac@163.com，作者将尽量为您答疑解惑。

编　者

目录

单元一

微信小程序起步

课程目标

知识目标

❖搭建微信小程序开发环境

❖完成微信小程序项目搭建

❖完成项目的欢迎页面功能实现

技能目标

❖了解微信小程序相关概念

❖掌握微信小程序环境搭建与开发工具

❖了解微信小程序的基本文件结构

❖掌握微信小程序样式语言（WXSS）

❖熟悉使用组件构建页面（view、text、image 组件的使用）

❖了解小程序的全局配置文件、全局样式和应用程序级别 JS 文件

素质目标

❖养成严谨求实、专注执着的职业态度

❖具有良好的技能知识拓展能力

❖具有程序开发人员的基本素养

简 介

微信小程序英文名 Wechat Mini Program，是一种不需要下载安装即可使用的应用，它实现了应用"触手可及"的梦想，用户扫一扫或搜索一下即可打开应用。本单元介绍小程序的一些基本概念与特性，让大家对小程序有整体的认知。同时，将介绍关于微信小程序开发的环境搭建和开发工具的基本使用方法，在此基础上，完成第一个简单的"Welcome"页面应用。

1.1 初识微信小程序

1.1.1 任务描述

在正式开发微信小程序之前，首先需要对微信小程序有初步的认识，因此，第一个任务就是完成对微信小程序的开发与应用的基本了解，需要知道微信小程序的应用特点，以及微信小程序与原生的 App 的区别。为了更好地明确学习目标，本任务将了解微信小程序开发与 Web 前端开发的区别，还将了解贯穿整门课的综合项目的基本功能。

1.1.2 知识学习

1.1.2.1 什么是微信小程序

小程序是一种新的开放能力，开发者可以快速地开发一个小程序。小程序可以在微信内被便捷地获取和传播，同时具有出色的使用体验。经过 7 年多的发展，已经构造了新的微信小程序开发环境和开发者生态。微信小程序也是这么多年来中国 IT 行业里一个真正能够影响到普通程序员的创新成果，已经有超过 150 万的普通程序员加入了微信小程序的开发，共同发力推动微信小程序的发展。微信小程序应用数量超过了 100 万，覆盖 200 多个细分的行业，日活用户达到两亿。微信小程序还在许多城市实现了支持地铁、公交服务。微信小程序发展带来更多的就业机会，2017 年微信小程序带动就业 104 万人，社会效应不断提升。

微信小程序的重要特征：无须安装与卸载；开放注册范围（个人、企业、政府、媒体、其他组织）；可以快速开发且参与开发者比较多；便于传播且用户体验比较出色。

我们来直观地感受一下微信小程序，点餐小程序和服务型小程序如图 1-1 和图 1-2 所示。

图1-1　点餐小程序

图1-2　服务型小程序

在微信中使用小程序的场景非常多，随时搜索出来直接使用就可以，而不像原生App，需要先在AppStore或者应用市场中进行下载，然后安装，最后才能使用，关键是这些应用并不经常使用，可能一个月甚至一年才能使用1~2次，而这些"低频"的应用却要长期地"驻扎在"手机中，此时小程序"随时可用，触手可及"的优势就体现出来了。

1.1.2.2　微信小程序与原生App的比较

早期的微信小程序对游戏和直播功能无法实现，现在微信官方并不明确限制你不能做什么类型的小程序。而且现在已经上线的小程序非常丰富，一般"简单的""低频的""对性能要求不高的"应用适合用小程序来开发。"简单的"是指应用本身的业务逻辑并不复杂，比如"老乡鸡"小程序，业务逻辑就非常简单：挑选想吃的菜肴，下单并支付；再比如在线购买电影票应用"猫眼"小程序，就是为用户提供在线购买电影的服务，整个服务的时间是短暂的，"即买即走"。相比于原生App，小程序具有比较显著的一些优势：

- 跨平台（对于iOS和Android两个平台，只需要开发一套程序）。
- 具备接近于原生App的体验。
- 对原生组件有访问能力。

- 具备缓存能力。
- 入门容易，开发逻辑较为简单。

微信小程序和主流 App 的优劣势对比见表 1-1。

表 1-1　微信小程序和主流 App 的优劣势对比

属性	微信小程序	iOS、Android
相关基础语言	JavaScript 和 CSS	Objective-C、Java
性能	较好	极好
成本	低	高
开发效率	低	较高
开发环境配置	简单	较复杂
新手入门速度	快	慢
适合应用	业务逻辑简单，使用频率不高	业务逻辑复杂，使用频率高
新版审核周期	较短	较长

1.1.2.3　微信小程序开发与 Web 前端开发的区别

我们经常在招聘网站可以看到技术类型职位：Java 开发、Web 前端开发、DBA、大数据开发等，但几乎很少有专门小程序开发这个职位，除了专业做微信开发的公司，小程序工程师这个职位在短期之内不会成为独立的一个职位，绝大多数的小程序由 Web 前端工程师来开发，所以现在可以看到 Web 前端岗位的要求添加了一项：熟悉微信小程序开发者优先。正如现在在 Web 前端岗位都要应聘者精通 jQuery 及熟悉 Vue、Grunt 等一样，小程序也是 Web 前端岗位的一个加分项。

微信小程序的开发流程也非常简单，基本分为：注册（在微信公众平台注册小程序，完成注册后，可以同步进行信息完善和开发）、小程序信息完善（填写小程序基本信息，包括名称、头像、介绍及服务范围等）、开发小程序（完成小程序开发者绑定、开发信息配置后，开发者可下载开发者工具、参考开发文档进行小程序的开发和调试）、提交审核和发布[完成小程序开发后，提交代码至微信团队审核，审核通过后即可发布（公测期间不能发布）] 4 个步骤。

1.1.3　任务实施

1.1.3.1　贯穿项目功能介绍

为了把微信小程序的知识更好地应用到实战中，本课程内容将通过一个微信小程序综合实战项目进行贯穿，通过实战项目驱动的方式讲解微信小程序开发的技术点。

对于微信小程序的贯穿项目，从整体上分为三大模块，分别为文章模块、电影模块、个人模块，主要使用的技术栈有原生 JavaScript（包括 ES6 语法）、CSS、微信小程序 API、Lin-UI（第三方插件），整体结构如图 1-3 所示。

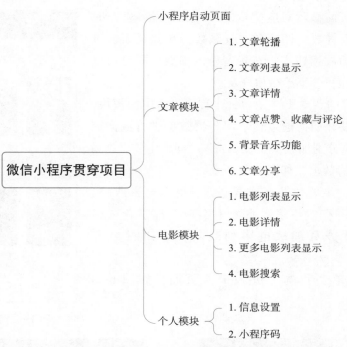

图 1-3 微信小程序贯穿项目整体结构

1.1.3.2 项目功能演示

项目部署成功，程序自动启动欢迎页面，在欢迎页面单击"开启小程序之旅"进入文章首页，如图 1-4 所示。

在文章首页的顶部实现文章图片的轮播，下面是文章列表。列表中每篇文章显示文章图片、摘要、对应关注与点赞信息，单击文章图片或者标题可以进入文章的详情页面，如图 1-5 所示。

图 1-4 文章首页

图 1-5 文章详情页面

在文章详情页面显示对应文章的图片、标题、发布时间、文章内容、点赞数、评论数、收藏数，在此页面也可以实现单击音乐播放按钮进行背景音乐的播放，同时可以单击"分享"按钮，分享给微信好友。

选择页面底部的"电影"菜单，小程序进入电影模块，此模块数据已经设计如何通过请求服务器数据进行数据交互，电影模块首页分别加载"正在热映""即将上映""豆瓣 Top250"的电影数据，如图 1-6 所示。

在电影模块，主要功能有搜索电影、更多电影列表、电影详情，同时，在"更多"页面中实现下拉刷新电影列表和向下互动分页加载电影列表功能，如图 1-7 所示。

单击底部菜单"我的"进入个人页面，如图 1-8 所示。

图 1-6　电影模块首页

图 1-7　更多电影列表页面

图 1-8　个人页面

在个人模块主要实现信息设置和小程序码两个功能。

以上就是综合项目的整体功能演示。整体功能实现比较简单，用户很容易入手，这也是小程序的产品定位。在任务中没有介绍如何部署微信小程序，在下一任务中将为大家介绍微信小程序开发环境，同时介绍如何部署微信小程序。

1.2　微信小程序环境搭建

1.2.1　任务描述

在了解了微信小程序的基本概念后，本任务将完成微信小程序环境搭建，其核心内容包括微信小程序开发工作的下载与安装、微信 Web 开发者工具界面功能介绍、基于微信小程序开发环境新建第一个微信小程序〔对于微信小程序的开发，微信官方提供了非常详细的介绍（地址：https://developers.weixin.qq.com/miniprogram/dev/devtools/devtools.html）〕。

1.2.2　任务实施

1.2.2.1　微信开发者工具下载及安装

微信小程序的开发工具官方名为微信开发者工具，其中集成了公众号网页调试和小程序调试两种开发模式。在官方微信小程序首页（地址：https://mp.weixin.qq.com/cgi-bin/wx），如图 1-9 所示，关于开发支持，包括开发文档、开发者工具、设计指南、小程序体验 DEMO。

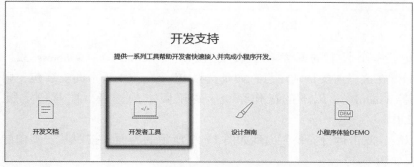

图 1-9　官方关于"开发支持"页面截图

单击"开发者工具"，可以进入关于微信小程序开发者工具的全面介绍页面，如图 1-10所示。

图 1-10　微信小程序开发者工具全面介绍页面

再单击图1-10中的"下载"链接，进入微信开发者工具下载页面，如图1-11所示。

图1-11　微信开发者工具下载页面

官方提供了4个版本的开发者工具安装包：Windows 64、Windows 32、macOS x64、macOS ARM64。在这里需要特别注意，如果选择 Windows 64 版本的安装包，则小程序开发者工具不支持 Windows 7 以下的操作系统。对于版本的选择，推荐稳定版 Stable Build（1.06. 2303220）。

下载完成后，双击运行安装，出现如图1-12所示的界面。按照其安装向导提示，一直到安装完成，如图1-13所示。

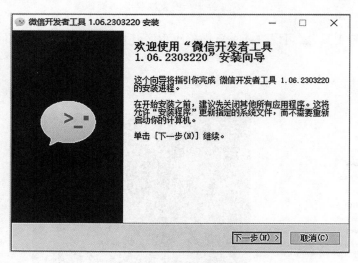

图1-12　安装向导首页

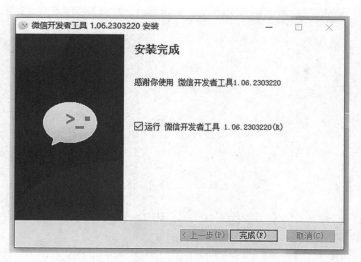

图 1-13 安装完成界面

1.2.2.2 新建一个微信小程序项目并注册 AppID

完成微信开发者工具安装后，新建第一个小程序项目。双击打开微信开发者工具，如果是第一次打开，微信开发者工具会弹出一个二维码，如图 1-14 所示。由于微信开发者工具需要跟用户的微信账号进行关联，所以，在这个步骤中需要进行登录，而登录的身份就是你的微信号。登录后，可看到图 1-15 所示的开发者工具首选页面。

首选页面对应的小程序项目有小程序、小游戏、代码片段、公众号网页四个选项。本课程主要学习微信小程序的开发，所以选择"小程序"（默认已经选择），单击右边"+"创建新项目，将出现如图 1-16 所示的页面。

在"创建小程序"的首页中，"AppID"有"注册"和"使用测试号"两个选项，由于小程序后期需要进行发布，需要有唯一的 ID，"使用测试号"在开发中有很多功能的限制，推荐使用"注册"。"开发模式"选择

图 1-14 扫描二维码登录页面

"小程序"。"后端服务"选择"不使用云服务"。由于小程序的开发与 Web 前端开发一样，需要与服务端进行数据交互，微信小程序的服务器数据交互方式除了调用自行开发后端 API（或者第三方 API）外，还提供了一种云服务的解决方案。在本课程中，由于已经有后端服务的 API，所以重点使用"不使用云服务"的选项。"模板"选择"不使用模板"选项。

AppID 代表微信小程序的 ID，推荐使用注册 AppID，必须拥有微信小程序账号才能可以申请 ID。申请 AppID 的方法为：在创建项目首页"AppID"中选择"注册"，弹出如图 1-17 所示页面，或者到微信小程序官网申请小程序账号，注册地址为 https://mp.weixin.qq.com/cgi-bin/wx?token=&lang=zh_CN。

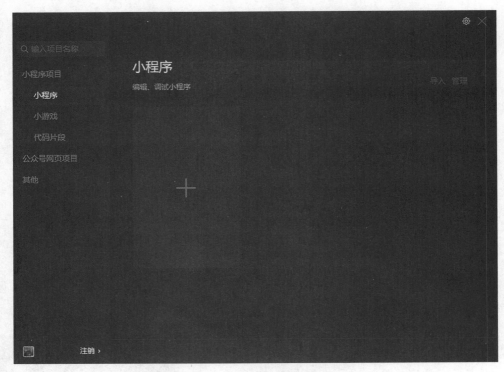

图 1-15 开发者工具首选页面

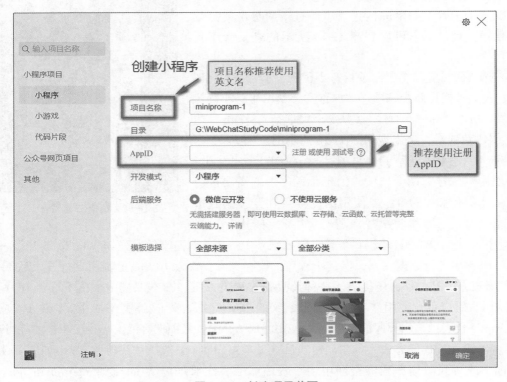

图 1-16 创建项目首页

图 1-17 注册微信小程序账号

可以根据注册向导完成注册，步骤为填写账号信息→邮箱激活→信息登记，完成登录小程序后台管理页面，如图 1-18 所示。

图 1-18 登录小程序后台管理页面

登录成功后，单击"开发管理"菜单，进入"开发管理"页面，单击"开发设置"进入开发设置页面，如图 1-19 所示。

获取 AppID 之后，就可以进行项目的创建。把对应的 AppID 复制到创建页面，创建第一个微信小程序项目，如图 1-20 所示。

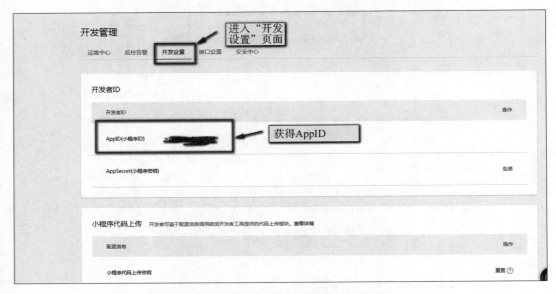

图 1-19　微信小程序"开发管理"页面

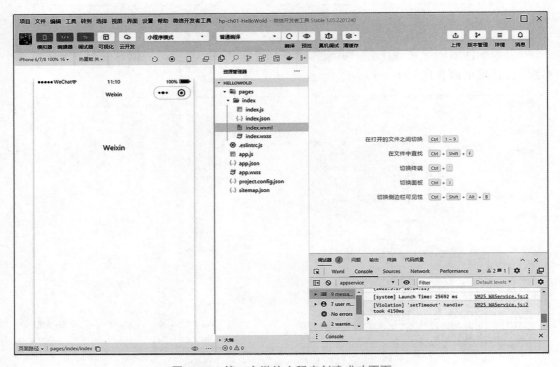

图 1-20　第一个微信小程序创建成功页面

1.2.2.3　微信开发者工具界面功能介绍

　　成功创建项目后，需要对开发核心功能进行简单介绍。开发者工具界面分为四个区域，分别为菜单区、视图预览区、开发者编辑区和调试区，如图 1-21 所示。

图 1-21　微信开发者工具界面

在"菜单区"有三个选项卡，分别为"模拟器""编辑器""调试器"，这三个选项卡主要控制"视图预览区""开发者编辑器""调试区"显示和隐藏，但需要注意的是，这三个选项卡至少保留一个内容为显示状态。

相对于 Web 前端开发，微信小程序开发的过程中，编码的效果需要在模拟器中显示。工具默认为 iPhone6，也可以选择其他模拟器。在选择模拟器时，有三个选项：机型、显示比例、字体大小，如图 1-22 所示。

在菜单区中，可以单击"设置"进入相关配置项的设置。微信开发者工具把常用的内容单独放在通用设置菜单中，如图 1-23 所示。

在"设置"菜单中还有一个"项目设置"菜单，单击此选项或者单击菜单区中"详情"进入项目设置页面，如图 1-24 所示。

在这里需要按照图 1-24 进行配置，具体的原因将在后面的内容中进行解释。

本任务介绍了微信小程序开发的基本设置，在后面的任务中将详细介绍涉及的具体内容。当然，部分深度使用其他 IED（如 WebStorm）或者编辑器（如 VSCode 和 Sublime3）的用户也可以开发微信小程序，但需要注意，编译小程序只能使用官方提供的开发者工具进行。

图 1-22　模拟器选择页面截图

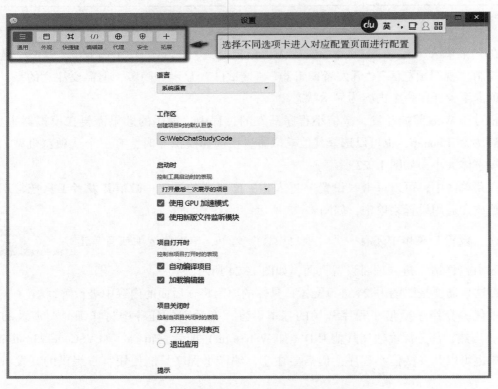

图 1-23　微信开发者工具"设置"页面

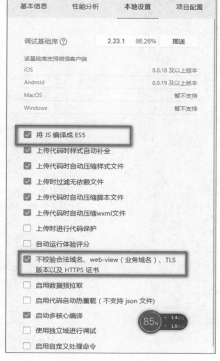

图 1-24　项目设置页面

1.3　完成第一个简单的"welcome"页面应用

1.3.1　任务描述

1.3.1.1　任务需求

完成对微信小程序的基本认识和微信小程序开发环境搭建后，在本任务中将完成综合项目欢迎页面。

1.3.1.2　效果预览

完成本任务后，系统启动后，自动进入欢迎页面，实现效果如图 1-25 所示。

1.3.2　知识学习

1.3.2.1　小程序的基本目录结构

1. 全局配置文件

以新建"HELLOWORLD"项目为参考，来看一下构成一个小程序的目录结构，如图 1-26 所示。

图 1-25 欢迎页面实现效果

图 1-26 小程序的目录结构

　　不同于其他框架，小程序的目录结构非常简单，也非常易于理解。小程序包含一个描述整体程序的"app"和多个描述各自页面的"page"。一个小程序主体部分由 3 个文件组成：app. js、app. json 和 app. wxss，必须放在项目的根目录，3 个文件的意义见表 1-2。

表 1-2 小程序 3 个应用文件的意义

文件	必须	作用
app. js	是	小程序逻辑文件
app. json	是	小程序配置文件
app. wxss	否	全局公共样式文件

2. 页面配置文件

一个小程序页面由 4 个文件目录组成，见表 1-3。

表 1-3 小程序页面文件目录组成

文件类型	必填	作用
JS	是	页面逻辑
WXML	是	页面结构
WXSS	否	页面样式
JSON	否	页面配置

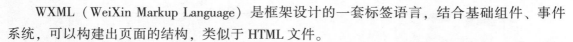

WXML（WeiXin Markup Language）是框架设计的一套标签语言，结合基础组件、事件系统，可以构建出页面的结构，类似于 HTML 文件。

WXSS（WeiXin Style Sheets）是一套样式语言，用于描述 WXML 的组件样式。WXSS 用来决定 WXML 的组件应该怎么显示。类似于 CSS 文件。

JSON 文件用来配置页面的样式与行为。

JS 文件类似于前端开发中的 JavaScript 文件，用来编写小程序的页面逻辑。当然，在小程序开发中，也支持 TS（TypeScript）的语法。

最后需要注意，为了方便开发者减少配置项，描述页面的 4 个文件必须具有相同的路径与文件名。

在图 1-24 所示也可以看到命名为"project. config. json"的文件，这是对应工程的工具配置文件。通常在使用一个工具的时候，会针对各自喜好做一些个性化配置，例如，界面颜色、编译配置等，当换了另外一台计算机重新安装工具的时候，还要重新配置。考虑到这点，小程序开发者工具在每个项目的根目录都会生成一个 project. config. json，在工具上做的任何配置都会写入这个文件，当重新安装工具或者换计算机工作时，只要载入同一个项目的代码包，开发者工具就会自动恢复到开发项目时的个性化配置，其中包括编辑器的颜色、代码上传时自动压缩等一系列选项。

3. sitemap 配置文件

微信现已开放小程序内搜索功能，开发者可以通过 sitemap. json 配置，或者管理后台页面收录开关来配置其小程序页面是否允许微信索引。当开发者允许微信索引时，微信会通过爬虫的形式为小程序的页面内容建立索引。当用户的搜索词条触发该索引时，小程序的页面将可能展示在搜索结果中。生成的项目自动生成配置代码如下：

```
{
    "desc": "关于本文件的更多信息，请参考文档 https://developers. weixin. qq. com/miniprogram/dev/framework/sitemap.html",
    "rules": [{
    "action": "allow",
    "page": "* "
    }]
}
```

在配置"rules"选项时，主要配置索引规则，每项规则为一个 JSON 对象，具体配置"action"为"allow"，"page"值为"＊"，表示所有的页面都被允许。

1.3.2.2 小程序样式语言（WXSS）

在小程序文件基本结构中，后缀名为 WXSS 的文件是小程序用于描述 WXML 的组件样式文件。为了适应广大的前端开发者，WXSS 具有 CSS 大部分特性。同时，为了更适合开发微信小程序，WXSS 对 CSS 进行了扩充及修改。需要特别注意的是，小程序支持的 CSS 选择器如图 1-27 所示。

选择器

目前支持的选择器有：

选择器	样例	样例描述
.class	.intro	选择所有拥有 class="intro" 的组件
#id	#firstname	选择拥有 id="firstname" 的组件
element	view	选择所有 view 组件
element, element	view, checkbox	选择所有文档的 view 组件和所有的 checkbox 组件
::after	view::after	在 view 组件后边插入内容

图 1-27　微信小程序支持的 CSS 选择器

与 CSS 相比，WXSS 扩展的特性有：

1. 尺寸单位

在前端开发中，样式编写的尺寸单位一般使用 px，但在 WXSS 中，引入了 rpx（responsive pixel）尺寸单位。引用新尺寸单位的目的是，适配不同宽度的屏幕，开发起来更简单。如图 1-28 所示，同一个元素，在不同宽度的屏幕下，如果使用 px 为尺寸单位，有可能造成页面留白过多。

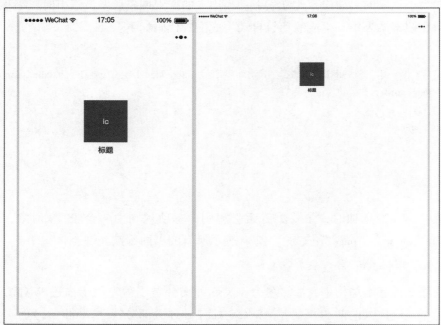

图 1-28　使用 px 尺寸单位，iPhone5 与 iPad 视觉对比

修改为 rpx 单位，显示效果如图 1-29 所示。

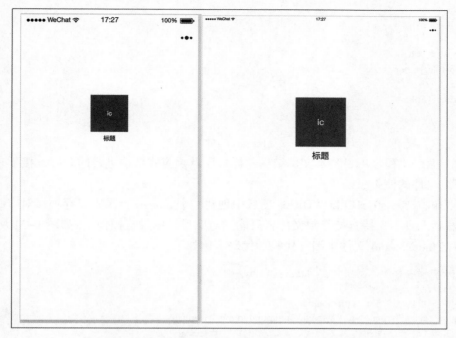

图 1-29　使用 rpx 尺寸单位，iPhone5 与 iPad 视觉对比

小程序编译后，rpx 会做一次 px 换算。换算是以 375 个物理像素为基准，也就是在一个宽度为 375 物理像素的屏幕下，1 rpx＝0.5 px，如图 1-30 所示。

尺寸单位

* rpx（responsive pixel）：可以根据屏幕宽度进行自适应。规定屏幕宽为750rpx。如在 iPhone6 上，屏幕宽度为375px，共有750个物理像素，则 750rpx = 375px = 750物理像素，1rpx = 0.5px = 1物理像素。

设备	rpx换算px（屏幕宽度/750）	px换算rpx（750/屏幕宽度）
iPhone5	1rpx = 0.42px	1px = 2.34rpx
iPhone6	1rpx = 0.5px	1px = 2rpx
iPhone6 Plus	1rpx = 0.552px	1px = 1.81rpx

图 1-30　常用机型 rpx 尺寸单位和 px 单位尺寸换算表

可以看到，在 iPhone6 设备中，rpx 尺寸单位和 px 尺寸单位的换算比例为 1 px＝2 rpx，正好是一个整数，所以在小程序开发时，模拟器一般选择 iPhone6（默认选择）。因此，在开发微信小程序时，官方文档也推荐设计师用 iPhone6 作为视觉稿的标准。

2. 样式导入

使用@import 语句可以导入外联样式表，@import 后跟需要导入的外联样式表的相对路径，用;表示语句结束。

示例代码：

```
/**common.wxss **/
.small-p {
  padding:5px;
}
/**app.wxss **/
@import "common. wxss";
.middle-p {
  padding:15px;
}
```

1.3.2.3 基本组件（view、text、image）的使用

基于上面对小程序项目基本文件结构、样式以及响应式单位进行的介绍，接下来通过示例展示基本组件的使用。

出于测试需要，在 HELLOWORLD 项目中创建一个 images 目录来保存项目对应图片资料（微信开发者工具不支持直接复制文件，只能到对应目录中进行操作），如图 1-31 所示。

需要在 index. wxml 文件中编写代码，代码示例如下：

```
<!--view 组件是一个容器组件,与 html 中的 div 一样 -->
<view class="container">
  <!--图片组件,相当于 html 的 img 标签 -->
  <image class="avatar" src="/images/bingdundun.jpg"></image>
  <!--文本组件,主要显示文本内容,相当于 html 的 p 标签-->
  <text class="motton">大家好!我是冰墩墩。</text>
</view>
```

保存代码，微信小程序开发者工具自动进行编译，并且在模拟器中显示对应的内容，显示效果如图 1-32 所示。

图 1-31　创建 images 目录

图 1-32　index 页面显示效果

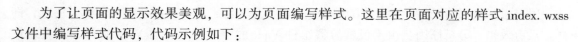

　　为了让页面的显示效果美观，可以为页面编写样式。这里在页面对应的样式 index. wxss 文件中编写样式代码，代码示例如下：

```
/*设置页面整体背景颜色 */
.container{
  background-color: #ECC0A8;
}
/*设置图片的样式 */
.avatar{
  width:200rpx;
  height:200rpx;
  border-radius: 50%;
}
/*设置文本的样式 */
.motto{
  margin-top:100rpx;
  font-size:32rpx;
  font-weight: bold;
  color:#9F4311;
}
```

设置样式，保存运行效果，如图 1-33 所示。

图 1-33　加入样式后的运行效果

以上显示效果对于图片和文字的内容基本跟预期一样，但背景颜色部分有些是白色，即样式没有效果。分析原因：由于设置容器组件 View 的背景颜色，而 View 组件的高度未设置，所以背景颜色只会显示容器中内容填充的部分高度，那么如何解决？

可以通过调试器工具来查看页面元素，如图 1-34 所示，页面的根元素为 page 元素。

图 1-34　查看页面元素截图

在样式代码中设置 page 元素的背景颜色，代码示例如下：

```
/*设置页面整体背景颜色 */
page{
 background-color: #ECC0A8;
}
```

保存代码重新运行，效果如图 1-35 所示。

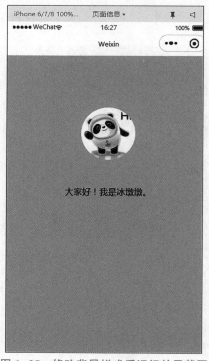

图 1-35　修改背景样式后运行效果截图

在上面的示例中，使用了最常规的组件完成"HELLOWORLD"的页面效果。在前端开发中，编写的 HTML 和 CSS 代码在浏览器引擎中进行渲染，视图最终把结果呈现到用户面前，而小程序有些不同，编写的页面元素不是标签而是组件，即小程序对常用的效果进行封装，使得开发人员的开发效果更高。同时，小程序的代码编写完成后，需要先编译，然后运行，最终展示运行效果。微信小程序开发者工具默认的设置是保存文件自动编译，也可以通过自定义进行设置，如图 1-36 所示。

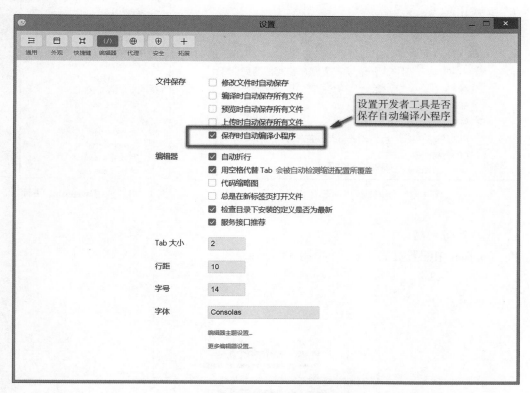

图 1-36 设置是否保存自动编译

如果关闭保存自动编译，可以通过单击工具栏中的"编译"按钮手动进行编译。

1.3.3 任务实施

在上任务中，通过创建项目在微信开发工具创建的 index 页面中完成基本组件的使用，接下来正式开始贯穿项目的欢迎页面（welcome 页面）的构建。步骤如下：

1. 创建页面

在 pages 目录中创建 welcome 目录，并在 welcome 目录中创建页面，具体操作如图 1-37 所示。

创建完成后，开发工具自动创建 welcome.js、welcome.json、welcome.wxml、welcome.wxss 4 个文件，如图 1-38 所示。

图 1-37　创建新页面具体操作　　　　　　　　图 1-38　创建 welcome 页面

2. 添加页面声明

在 app.json 中配置页面路径，如图 1-39 所示。

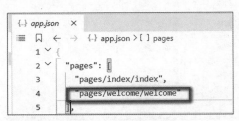

图 1-39　配置页面路径

当前应用中有两个页面，所以，需要配置 index 页面和 welcome 页面，这个步骤就是把页面实例注册到小程序中的过程。这个对象的属性 pages 接受一个数组，数组的每一项是一个字符串。需要注意的是，页面前面不要加 "/"。形如 "/pages/welcome/welcome" 这样的路径是错的，运行小程序时会提示错误，如图 1-40 所示。

图 1-40　未正确调用 pages 的错误提示

3. 构建页面元素和样式

构建 welcome 页面的元素和样式。welcome 页面元素显示一张图片、文字提示以及进入主页面的按钮，在前端开发中，HTML 的按钮可以使用 a 标签或者使用 span 标签来实现，这里使用<text>组件来实现。welcome. wxml 元素文件和 welcome. wxss 样式文件代码示例如下：

```
<view class="container">
  <image class="avatar" src="/images/bingdundun.jpg"></image>
  <text class="motto">Hello, 冰墩墩</text>
  <view class="journey-container">
    <text class="journey">开启小程序之旅</text>
  </view>
</view>
/*页面使用 Flex 进行布局 */
.container{
 display: flex;
 flex-direction:column;
 align-items: center;
}


/*图像样式 */
.avatar{
 width:200rpx;
 height:200rpx;
 margin-top:160rpx;
 border-radius: 50%;
}
/*图像下方的文本样式 */
.motto{
 margin-top:100rpx;
 font-size:32rpx;
 font-weight: bold;
 color:#9F4311;
}

/*按钮容器样式 */
.journey- container{
 margin-top: 200rpx;
 border: 1px solid #EA5A3C;
 width: 200rpx;
 height: 80rpx;
 border-radius: 10rpx;
 text-align:center;
}
```

```
/*按钮样式 */
.journey{
  font-size:22rpx;
  font-weight: bold;
  line-height:80rpx;
  color: #EA5A3C;
}

/*设置背景颜色样式 */
page{
  background-color:#ECC0A8;
}
```

welcome. wxml 保存文件，自动编译，运行效果如图 1-41 所示。

图 1-41 欢迎页面运行效果

需要注意的是，对于微信页面样式的布局，官方推荐使用弹性盒子布局（在前端课程已经学习过，在这里不进行重复赘述，参考学习资料：https://www.runoob.com/css3/css3-flexbox.html）。

4. 设置配置

从运行的效果来看，页面顶部的背景为白色，标题为"Weixin"，接下来需要通过页面配置进行设置。根据项目需求，在"welcome. json"文件中进行配置，代码示例如下：

```
{
  "usingComponents": {},
  "navigationBarBackgroundColor": "#ECC0A8",
  "navigationBarTextStyle":"black",
  "navigationBarTitleText": "厚溥微信小程序欢迎你"
}
```

usingComponents，页面自定义组件配置。

navigationBarBackgroundColor，导航栏背景颜色，如#000000。

navigationBarTextStyle，导航栏标题颜色，仅支持 black/white。

navigationBarTitleText，导航栏标题文字内容。

当然，页面配置内容项还有很多，根据需要可以参考官方提供的文档（地址：https://developers. weixin. qq. com/miniprogram/dev/reference/configuration/page. html）。

设置页面配置的内容，运行效果如图 1-42 所示。

图 1-42　页面配置后的运行效果

在前面内容中介绍了关于 app. json 应用级别的配置文件，加入一个 App 是为了保持一种统一的风格样式。也可以在 app. json 中进行全局配置，示例代码如下：

```
{
  "pages": [
    "pages/index/index",
    "pages/welcome/welcome"
  ],
  "window": {
    "backgroundTextStyle": "light",
    "navigationBarBackgroundColor": "#fff",
    "navigationBarTitleText": "Weixin",
    "navigationBarTextStyle": "black"
  },
  "style": "v2",
  "sitemapLocation": "sitemap. json"
}
```

在全局配置文件中，如果需要配置页面导航栏的相关设置，需要通过"window"下的属性进行配置，这些配置由于是全局的配置，会作用于整体应用的所有页面，这也是在没有设置 welcome 页面导航栏配置，标题为"Weixin"的原因。当全局配置项和页面局部配置项冲突时，系统会选择就近原则，也就是以页面配置内容覆盖全局配置的内容。可以看到，当在页面设置导航栏标题属性为"厚溥微信小程序欢迎你"时，页面最后显示的效果是页面配置中的标题内容。

=========== 单元小结 ===========

- 了解微信小程序的基本特点。
- 使用微信开发者工具对小程序进行开发。
- 微信小程序的主体部分包括小程序逻辑文件、小程序配置文件、全局公共样式文件。
- 微信小程序的页面元素都是由组件进行构建的。

=========== 单元自测 ===========

1. 下列关于微信小程序，说法正确的是（　　）。

A. 微信小程序无须安装下载，运行在微信环境下

B. 微信小程序与 Web App 应用的进入方式完全相同

C. 微信小程序具有开发周期短、开发成本比较低等优点

D. 微信小程序可以跨平台（支持 Android、iOS）

2. 小程序开发环境的搭建，主要就是安装（　　）。

A. Chrome   B. 微信开发者工具

C. 编辑器   D. 微信客户端

3. 关于微信开发者工具，下面说法正确的是（　　　）。

A. 在微信公众平台网站中找到微信开发者工具的下载地址，根据不同版本进行下载安装

B. 为了方便开发，微信开发者工具提供了两种模板，分别是"普通快速启动模板"和"插件快速，启动模板"，前者用于开发小程序，后者用于开发小程序的插件

C. 微信开发者工具的主界面主要由菜单栏、工具栏、模拟器、编辑器和调试器组成

D. 使用微信开发者工具之前，需要注册申请微信公众号来获取 AppID

4. 下列选项中，属于微信开发者工具功能的是（　　　）。

A. Console 面板   B. Network 面板

C. Sources 面板   D. AppData 面板

5. 下列选项中，关于微信小程序目录结构的说法，正确的是（　　　）。

A. project. config. json 文件用来设置项目的配置文件

B. app. js 用来设置应用的逻辑文件

C. app. json 文件为应用程序配置文件

D. pages 是页面文件的保存目录

上机实战

上机目标

- 掌握微信开发者工具的常用操作与设置。
- 掌握微信小程序的文件结构。
- 开发简单的微信小程序的页面程序。

上机练习

◆第一阶段◆

练习1：创建空白小程序项目，完成图 1-43 所示页面效果。

【问题描述】

使用微信小程序推荐的 Flex 布局方式完成练习页面效果。

【问题分析】

根据上面的问题描述，实现测试页面效果需要使用微信小程序中 image 组件、text 组件、view 组件来完成，其组件的布局使用 Flex 布局来完成。

【参考步骤】

（1）打开微信开发者工具，创建一个微信小程序项目。

（2）创建 images 目录，把对应图片资料复制到此目录中。

（3）在 pages 目录中创建新目录 index，在 index 目录中创建页面，完成商场首页的骨架与样式，新创建页面元素代码如下：

图 1-43　练习 1 页面效果

```
<view class="container">
 <image class="userinfo-avatar" src="/images/1.png" mode=" " />
 <text class="motto">你好!微信小程序</text>
 <view class="journey-container">
  <text class="journey">开启小程序之旅</text>
 </view>
</view>
```

对应页面样式代码如下:

```
.container{
 display: flex;
 flex-direction:column;
 align-items: center;
}

.userinfo-avatar{
```

```
    width:200rpx;
    height:200rpx;
    border-radius: 50%;
    margin-top: 20rpx;
    margin-bottom: 20rpx;
}

.motto{
    margin-top:80rpx;
    font-size:32rpx;
    font-weight: bold;
    color:#9F4311;
    margin-bottom: 20rpx;
}

/*按钮容器样式 */
.journey-container{
    margin-top: 200rpx;
    border: 1px solid #EA5A3C;
    width: 200rpx;
    height: 80rpx;
    border-radius: 10rpx;
    text-align:center;
}

/*按钮样式 */
.journey{
    font-size:22rpx;
    font-weight: bold;
    line-height:80rpx;
    color: #EA5A3C;
}

/*设置背景颜色样式 */
page{
    background-color:#b3d4db;
}

</view>
```

（4）完成代码编写后，保存代码，运行后，就可以看到图 1-43 所示效果。

◆ 第二阶段 ◆

练习 2：在练习 1 项目中再创建一个新页面，完成如图 1-44 所示文章页面效果。

【问题描述】

如图 1-44 所示，文章页面效果包含文章图片、文章标题、作者信息、发布时间、文章内容信息。

图 1-44　练习 2 页面效果

【问题分析】

根据问题描述，文章的页面实现可以参考练习 1 页面效果实现步骤进行。

单元二

文章列表功能

课程目标

知识目标

❖完成文章页面轮播功能

❖完成文章页面文章列表功能

❖完成从欢迎页面跳转到文章页面功能

技能目标

❖理解 .js 文件的代码结构与 pages 页面的生命周期

❖掌握微信小程序数据绑定与 setData 函数（Mustache 语法）

❖掌握微信小程序事件与事件冒泡

❖掌握微信小程序路由机制

素质目标

❖培养良好的与人沟通能力

❖遵循软件工程编码开发的基本原则

❖培养认真严肃的工作态度和一丝不苟的工作作风

简 介

在完成了"welcome"页面创建之后，将实现单元中"发现"模块的文章列表页面功能。文章列表页面分别展示一个 banner 轮播图与一组文章列表。在完成此功能的同时，将介绍如何使用 swiper 组件和 swiper-item 组件来构建 banner 轮播图以及组件属性设置的使用技巧。

除此之外，将介绍小程序中 .js 文件结构与 pages 页面的生命周期的使用和数据绑定的相关内容。小程序数据绑定是小程序开发中一个重要的概念，本单元将介绍其概念及对应的 Mustache 语法的使用技巧，它是和传统的 Web 网页编程相比最大的不同。在小程序中，几乎所有和数据相关的操作都使用数据绑定来完成。

在本单元的功能实现中，涉及多个页面的跳转，在实现功能之前，介绍在微信小程序中事件和路由的使用方法，了解小程序中的事件处理和路由与传统的 Web 网站。

2.1 用 swiper 组件实现文章轮播

2.1.1 任务描述

2.1.1.1 任务需求

在上一个单元中，完成了贯穿项目的第一个页面：welcome 页面。本单元将构建第二个页面：文章页面。文章页面的主要部分由两个部分构成：上半部分是一个轮播图，下半部分是文章列表。在实际的应用中，轮播效果是一个常用的效果，在文章页面的上半部分是关于热门文章或推荐文章的图文的轮播效果实现。在本任务中，将使用微信小程序的 swiper 组件和 swiper-item 组件来实现轮播效果。

2.1.1.2 效果预览

完成本任务，编译完成后运行，进入文章页面，效果如图 2-1 所示。

2.1.2 知识学习

swiper 和 swiper-item 组件的基本介绍

在完成欢迎页面的功能任务中，已经了解到在微信小程序中页面显示的元素基本都是以组件的方式进行处理的，这样的好处很明显，就是不需要处理显示元素的基本功能，通过设置组件的属性就可以满足应用的需求。同样，在微信小程序中对轮播这样一个常用的应用场景进行组件化，不需要自己编写代码来实现这样的轮播效果，小程序已经提供了一个现成的组件——swiper。接下来简单介绍在微信小程序中实现轮播效果 swiper 组件和 swiper-item 组件的使用。

图 2-1　文章页面效果

swiper 组件和 swiper-item 组件与 view 组件一样，属于微信小程序内置组件的视图容器组件。在一般情况下，swiper 组件和 swiper-item 组件是成对使用的，也就是说，swiper 组件只可放置 swiper-item 组件，否则，会导致未定义的行为。

swiper 组件的功能描述为滑动视图容器，其常用属性如下：

➤ indicator-dots

Boolean 类型。用来指定是否显示面板指示点，默认值为 false。

➤ indicator-color

color 类型。用来指定显示面板颜色，默认值为 rgba(0,0,0,3)。

➤ indicator-active-color

color 类型。用来指定当前选中的指示点颜色，默认值为#000000。

➤ autoplay

Boolean 类型。用来指定是否自动播放，默认值为 false。

➤ Interval

Number 类型。用来设置 swiper-item 组件的自动切换时间间隔，默认值为 5 000 ms。

➤ Circular

boolean 类型。用来指定是否循环轮播滚动，默认值为 false。

关于 swiper 组件的属性，使用都比较简单，更多属性可以参考官方 API 文档（链接地址为 https://developers. weixin. qq. com/miniprogram/dev/component/swiper. html）。

swiper-item 组件功能描述：仅可放置在 swiper 组件中，宽高自动设置为 100%。

2.1.3　任务实施

对完成轮播图效果的 swiper 组件和 swiper-item 组件的使用有基本的了解后，接下来通过示例来讲解如何使用 swiper 组件和 swiper-item 组件完成轮播图。

本示例基于单元一的项目进行编码，具体步骤如下：

（1）创建文章列表页面。

在 pages 目录下创建一个名为 posts 的页面，然后通过微信开发工具创建页面所需的 4 个文件，如图 2-2 所示。

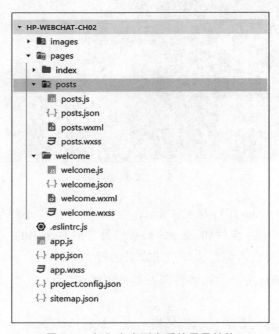

图 2-2　加入文章列表后的目录结构

这里把 app. json 的 pages 数组关于 posts 页面调整到 pages 数组的第一个元素，代码如下：

```
{
 "pages": [
  "pages/posts/posts",
  "pages/welcome/welcome",
  "pages/index/index"
 ],
 "window": {
  "backgroundTextStyle": "light",
  "navigationBarBackgroundColor": "#fff",
  "navigationBarTitleText": "Weixin",
  "navigationBarTextStyle": "black"
 },
 "style": "v2",
 "sitemapLocation": "sitemap.json"
}
```

更改完成后，保存或者重新编译项目，启动页面将不再是 welcome 页面，而变成了 posts 页面。这样的调整也是在开发中方便调试本页面的实现效果，如图 2-3 所示。

（2）使用 swiper 组件和 swiper-item 组件构建页面内容，并设置页面样式。

在编写代码之前，需要在小程序的 images 目录下新建一个目录，并把对应的素材复制到该目录中，如图 2-4 所示。

图 2-3　调整 posts 页面配置运行效果

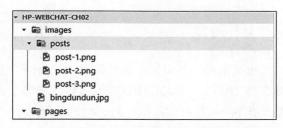

图 2-4　posts 页面素材目录

接下来在 posts 页面文件 post. wxml 中添加页面元素。在最外层使用<view></view>作为整个页面的容器。在 view 的内容中，加入一个 swiper 组件。swiper 组件主要由多个 swiper-item 组件组成，每一个 swiper 组件内都加入一个 image 组件，用来显示 UI 效果。图 2-1 中的轮播图的代码示例如下：

```
<view>
  <swiper>
    <swiper-item>
      <image src="/images/posts/post-1.png"></image>
    </swiper-item>
    <swiper-item>
      <image src="/images/posts/post-2.png"></image>
    </swiper-item>
    <swiper-item>
      <image src="/images/posts/post-3.png"></image>
    </swiper-item>
  </swiper>
</view>
```

保存代码，运行效果如图 2-5 所示。

图 2-5　使用 swiper 组件后的运行效果

由显示的效果可知，图片的显示尺寸不正确，这是由于 image 组件默认宽度为 320 px、高度为 240 px，因此，图片并没有填充满整个屏幕的宽度，需要通过设置样式的方法进行调整。在 posts. wxss 中添加样式，代码示例如下：

```
/*设置 swiper-item 中 image 组件的样式 */
swiper image{
 width: 100%;
 height: 460rpx;
}
```

添加完代码后，保存预览，发现图片的显示尺寸依然不正确。高度已经设置为 460 rpx，但宽度没有呈现 100%。还需要对 image 组件设置同样的样式，在 posts. wxss 中添加 image 组件样式，添加完成后的代码示例如下：

```
/*设置 swiper 的样式 */
swiper{
 width: 100%;
 height: 460rpx;
}

/*设置 swiper-item 中 image 组件的样式 */
swiper image{
 width: 100%;
 height: 460rpx;
}
```

此时保存并编译小程序，运行效果已经符合预期的效果，如图 2-6 所示。

图 2-6 同时设置 swiper 组件和 image 组件样式效果

（3）设置 swiper 组件属性。

在项目实际需求中，文章页面的轮播图需要设置轮播面板指示点和自动轮播，接下来基于上面介绍的属性，对代码进行修改。代码示例如下：

```
<view>
  <swiper indicator-dots="true" indicator-active-color="#fff" autoplay="true" interval="5000" circular="true">
    <swiper-item>
     <image src="/images/posts/post-1.png"></image>
    </swiper-item>
    <swiper-item>
     <image src="/images/posts/post-2.png"></image>
    </swiper-item>
    <swiper-item>
     <image src="/images/posts/post-3.png"></image>
    </swiper-item>
  </swiper>
</view>
```

保存、编译、预览，运行效果如图 2-7 所示。

从运行后的效果可以看到，swiper 组件上出现了 3 个小圆点，并且颜色为默认的黑色且有点透明，当前轮播的圆点为白色。图片开始轮播，每隔 5 s 更换一张。

图 2-7 　设置轮播属性后的运行效果

需要注意的是，在设置组件属性时，有一个 Boolean 值陷阱的问题，例如，把 indicator-dots 属性设置为 "false"，保存、编译、运行，会发现运行效果与预期的不出现小圆点的效果不一样，即设置属性无效。同样，设置 indicator-dots = "aaa" 或者 indicator-dots = "bbb" 等属性值时，效果都不会发生变化。主要原因是小程序组件中 Boolean 类型的属性并不是 Boolean 类型，而是一个字符串类型，程序在读取这个内容时，使用 JavaScript 语言进行读取，会认为这是一个 true 值。所以，设置 indicator-dots = "false" 属性后，运行效果跟预期效果不一样。在这里设置 Boolean 类型属性 false，方法为：不加入 indicator-dots 属性。

```
indicator-dots=""
indicator-dots="{{false}}"
```

同样，要设置 Boolean 类型属性为 true，方法为：加入 indicator-dots 属性，不设置属性值。

```
indicator-dots="true"
indicator-dots="{{true}}"
```

综上，设置属性代码推荐写法为：

```
<view>
    <swiper indicator-dots="{{true}}"indicator-active-color="#fff" autoplay="{{true}}" interval="5000"circular="{{true}}">
        <swiper-item>
```

```
            <image src="/images/posts/post-1.png"></image>
        </swiper-item>
        <swiper-item>
            <image src="/images/posts/post-2.png"></image>
        </swiper-item>
        <swiper-item>
            <image src="/images/posts/post-3.png"></image>
        </swiper-item>
    </swiper>
</view>
```

以上完成了使用 swiper 组件和 swiper-item 组件来制作文章页面的轮播效果。

2.2 完成文章页面文章列表功能

2.2.1 任务描述

2.2.1.1 任务需求

在上一任务中已经完成了文章页面的轮播效果，本任务依然基于文章页面，完成文章页面下半部分中的文章列表功能。在文章列表的功能实现中，需要实现文章列表的数据的动态化，这里首先需要了解微信小程序的页面渲染逻辑相关知识，同时需要使用到微信小程序开发中非常重要的内容——数据绑定。

2.2.1.2 效果预览

完成本任务后，进入文章页面，文章列表实现效果如图 2-8 所示。

图 2-8　文章列表实现效果

2.2.2 知识学习

2.2.2.1 .js 文件的代码结构与 pages 页面的生命周期

1. 渲染层和逻辑层

为了更好地理解文章列表的数据绑定元素，首先介绍微信小程序页面逻辑单元和页面生命周期相关问题。在前面的内容中已经介绍了小程序基本结构目录中，页面文件包括元素结构文件（＊.wxml）、样式文件（＊.wxss）、配置文件（＊.json）、逻辑处理文件（＊.js）。在本任务中涉及逻辑处理文件，在处理页面逻辑时，首先需要知道页面的执行逻辑，这里通过学习关于 pages 页面的生命来理解 pages 的执行逻辑，为后面学习数据绑定的内容做准备。

在理解 pages 页面生命周期之前，首先介绍微信小程序渲染层和逻辑层的运行机制。

小程序的渲染层和逻辑层分别由 2 个线程管理：渲染层的界面使用了 WebView 线程进行渲染；逻辑层采用 JsCore 线程运行 JS 脚本。一个小程序存在多个界面，所以，渲染层存在多个 WebView 线程，这两个线程的通信会经由微信客户端（下文中也会采用 Native 来代指微信客户端）做中转，逻辑层发送网络请求也经由 Native 转发。微信小程序的渲染层和逻辑层如图 2-9 所示。

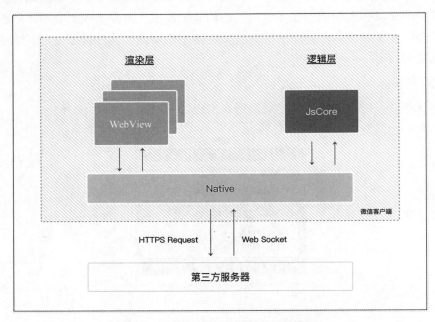

图 2-9　微信小程序渲染层和逻辑层

结合图 2-9，介绍微信小程序页面效果的执行步骤：

（1）微信客户端在打开小程序之前，会把整个小程序的代码包下载到本地。

（2）紧接着通过 app.json 的 pages 字段就可以知道当前小程序的所有页面路径，为实例化对应的实例做好准备。

（3）小程序启动之后，实例化 App 实例对全页面进行共享，并执行对应的回调函数。

（4）小程序根据读取的页面文件的结构、样式、配置等内容，配置渲染内容。

2. 页面的生命周期

微信小程序的 MINA 框架分别提供了 5 个生命周期函数来监听 5 个特定的生命周期，以方便开发者在这些特定的时刻执行一些自己的代码逻辑，分别是：

- onLoad 监听页面加载，一个页面只会调用一次。
- onShow 监听页面显示，每次打开页面都会调用。
- onReady 监听页面初次渲染完成，一个页面只会调用一次，代表页面已经准备完成，可以和视图层进行交互。
- onHide 监听页面隐藏。
- onUnload 监听页面卸载。

接下来结合示例进一步介绍关于 .js 文件的代码结构与 pages 页面的生命周期内容。打开 posts.js 文件，微信开发者工具已经生成默认的代码，代码示例如下：

```js
// pages/posts/posts.js
Page({
    /**
     *页面的初始数据
     */
    data: {
    },
    /**
     *生命周期函数--监听页面加载
     */
    onLoad: function (options) {
    },
    /**
     *生命周期函数--监听页面初次渲染完成
     */
    onReady: function () {
    },
    /**
     *生命周期函数--监听页面显示
     */
    onShow: function () {
    },
    /**
     *生命周期函数--监听页面隐藏
     */
    onHide: function () {
    },
    /**
```

```
    *生命周期函数--监听页面卸载
    */
  onUnload: function () {
  },
})
```

接下来基于生成的代码来做一个小测试，以了解生命周期函数触发的时机。向 posts.js 的生命周期函数中添加如下代码：

```
// pages/posts/posts.js
Page({

  /**
   *页面的初始数据
   */
  data: {

  },

  /**
   *生命周期函数--监听页面加载
   */
  onLoad(options) {
    console.log("onLoad:Post 页面加载。");
  },

  /**
   *生命周期函数--监听页面初次渲染完成
   */
  onReady() {
    console.log("onReady:post 初次渲染完成");
  },

  /**
   *生命周期函数--监听页面显示
   */
  onShow() {
  console.log("onShow:post 页面显示");
  },

  /**
   *生命周期函数--监听页面隐藏
   */
  onHide() {
    console.log("onHide:post 页面隐藏");
```

```
    },

    /**
    *生命周期函数--监听页面卸载
    */
    onUnload() {
      console.log("onUnload:post 页面卸载");
    },
})
```

保存代码，并将开发工具切换到"调试器"→"Console"面板，编译控制台的输出，如图 2-10 所示。

图 2-10　生命周期函数的执行顺序

可以看到，一个页面要正常显示到用户面前，需要经历 3 个生命周期：加载、显示、渲染。需要注意的是，先执行显示 onShow 函数，然后执行 onReady 进行渲染内容，从命名上很容易让开发者误以为 onReady 是在 onShow 之前执行。

单击模拟器 Home 键 ⟳ ⊙ ▭ ⧉ ，posts 页面被隐藏，系统会调用 onHide 函数，如图 2-11 所示。

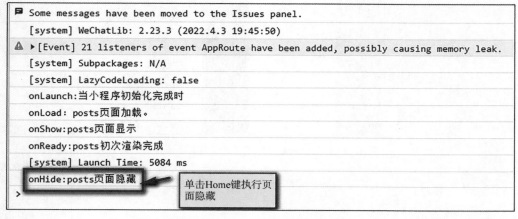

图 2-11　系统调用 onHide 函数

单击模拟器"1001:发现栏小程序入口"回到 posts 页面，系统会再次执行 onShow 函数，如图 2-12 所示。

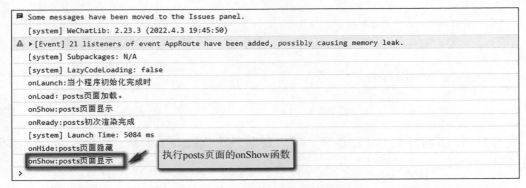

图 2-12　页面执行 onShow 函数

在官方的文档中，还给出了一个全面的 pages 页面实例生命周期图解，如图 2-13 所示。

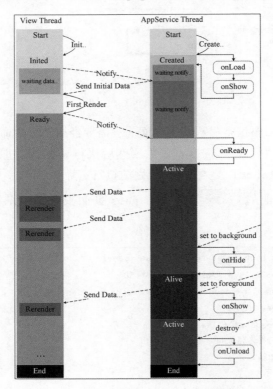

图 2-13　pages 页面实例生命周期图解

2.2.2.2　数据绑定

1. 数据绑定概念

在上一小节中实现了文章页面的轮播效果，但轮播的图片数据都是本地数据，在实际的项目中，这些业务数据放置在服务器端，然后通过 HTTP 请求来访问服务器提供的

RESTFULAPI，从而实现数据获取。

在本小节将通过使用数据绑定的方式来实现数据获取，因此，本小节介绍微信小程序数据绑定和 Mustache 语法，并且在最后通过使用模拟文章数据来实现文章轮播和文章列表的显示功能。

小程序开发框架的目标是通过尽可能简单、高效的方式让开发者可以在微信中开发具有原生 App 体验的服务。整个小程序框架系统分为两部分：逻辑层（App Service）和视图层（View）。小程序提供了自己的视图层描述语言 WXML 和 WXSS，以及基于 JavaScript 的逻辑层框架，并在视图层与逻辑层间提供了数据传输和事件系统，让开发者能够专注于数据与逻辑。

框架的核心是一个响应的数据绑定系统，可以让数据与视图非常简单地保持同步。当修改数据时，只需要在逻辑层修改数据，视图层就会做相应的更新。

2. 通过数据绑定的方式实现 welcome 页面数据动态化

为了让大家从浅到深逐步理解数据绑定的使用，首先来完成 welcome 页面的数据绑定。回到 welcome 页面，代码示例如下：

```
<view class="container">
    <image class="avatar" src="/images/bingdundun.jpg"></image>
    <text class="motto">Hello,冰墩墩</text>
    <view class="journey-container">
        <text class="journey">开启小程序之旅</text>
    </view>
</view>
```

从上面的代码中可以看到，image 组件中 src 属性和 text 组件的内容都是通过直接在页面进行"硬编码"来实现的。这是一种非常不好的编码方法，在实际开发中也不会这样设计。在实际开发中，这些数据都是来自服务器端，但这里对数据进行模拟，让数据通过 JS 变量来实现。

首先需要在 welcome 页面的 welcome. js 文件中加入代码示例如下：

```
// pages/welcome/welcome.js
Page({

  /**
   *页面的初始数据
   */
  data: {
   avatar:"/images/bingdundun.jpg",
   motto:"Hello,冰墩墩"
  }
})
```

data 中的数据如何"填充"到页面中并显示出来呢？这里借助了现在比较流行的

MVVM 框架中 vue. js、react. js 等数据绑定的概念，采用数据绑定的机制实现数据的初始化。

接下来对 welcome. wxml 文件做一些改动，即可让 WXML 能够"接受"这些初始化的数据，代码如下：

```
<view class="container">
    <image class="avatar" src="{{avatar}}"></image>
    <text class="motto">{{motto}}</text>
    <view class="journey-container">
        <text class="journey">开启小程序之旅</text>
    </view>
</view>
```

小程序使用 Mustache 语法双大括号{{ }}在 WXML 组件里进行数据绑定，这个语法在 vue. js 中也是一样的。保存、编译、运行，效果如图 2-14 所示。

显示效果并没有发生变化，图片和文本都正常显示出来，这说明数据绑定成功。

结合页面生命周期知识，介绍初始化数据绑定的过程。当页面执行 onShow 函数后，逻辑层会收到一个通知（Notify）；随后逻辑层会将 data 对象以 JSON 的形式发送到 View 视图层（Send Inital Data），视图层接收初始化数据后，开始渲染并显示初始化数据（First Render），最终将数据呈现在开发者的眼前。

需要注意的是，如果数据绑定时作用于属性，比如 <image src="{{avatar}}"/>，则一定要在{{ }}外加上双引号，否则，小程序会报错。

微信开发者工具也为开发者提供了一个面板专门用来查看和调试数据绑定的变量，单击"调试器"→"App Data"，可以看到对应的数据绑定情况，如图 2-15 所示。

图 2-14　使用数据绑定运行后效果

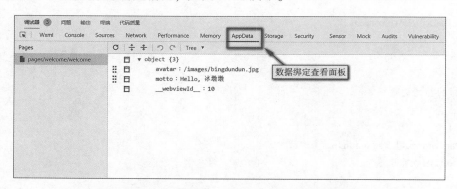

图 2-15　welcome 页面在 AppData 面板中的数据绑定情况

注意，AppData 面板对于调试和理解数据绑定有着非常重要的作用，特别当页面数据比较多，业务非常复杂的情况下，这个工具会帮开发者调试数据。需要强调的是，AppData 下的数据是以页面为组织单位的。当前是在 welcome 页面做了数据绑定，所以 AppData 下边显示了 pages/welcome/welcome 这个页面的数据。如果同时有多个页面进行数据绑定，那么将出现多个页面的数据绑定情况。

在 Web 前端开发中，可以通过浏览器的设置来控制属性的值，从而调试程序。更改是实时进行的，改变任何一个值，开发工具都能实时将变化更新到模拟器 UI 里显示。这跟在学习 MVVM 框架时设置数据绑定一样。例如，修改 AppData 面板中"motto"的值为"你好，微信小程序"，运行效果如图 2-16 和图 2-17 所示。

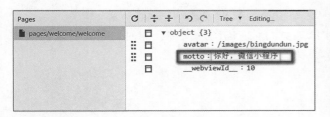

图 2-16 在 AppData 中设置 motto 值   图 2-17 设置 AppData 内容，模拟器 UI 更新

这里有一个小技巧，可以让页面中的数据以 JSON 形式显示：单击图 2-18 的"Tree"选项，在打开的页面中单击"Code"，如图 2-18 所示。

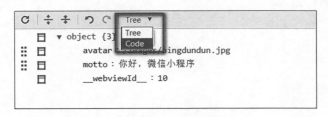

图 2-18 切换数据呈现形式

在特殊的逻辑情况下，JSON 格式的数据有利于快速处理这些数据。

2.2.3 任务实施

2.2.3.1 使用数据绑定完成文章页面数据动态化

前面通过 welcome 页面进行了简单的数据绑定，接下来回到 posts 文章页面，实现更加复杂的数据绑定。

在实现文章页面数据动态化之前，首先完成文章页面其他骨架和样式。构建文章列表，依然只需要 3 个组件：view、text、image。代码示例如下：

```
<view class="post-container">
 <view class="post-author-date">
  <image src="/images/avatar/1.png" />
  <text>February 9 2023</text>
 </view>
 <text class="post-title">2023LPL 春季赛第八周最佳阵容</text>
 <image class="post-image" src="/images/post/post1.jpg" />
 <text class="post-content">2023LPL 春季赛第八周最佳阵容已经出炉,请大家一起围观...</text>
 <view class="post-like">
  <image src="/images/icon/wx_app_collected.png" />
  <text>118</text>
  <image src="/images/icon/wx_app_view.png" />
  <text>188</text>
  <image src="/images/icon/wx_app_message.png" />
  <text>18</text>
 </view>
</view>
```

需要注意的是，需要在 image 目录中添加页面对应的图片文件，同时，需要设置页面的样式。在 posts.wsxx 文件中添加样式内容，代码示例如下：

```
/*设置文章列表样式 */
.post-container{
 flex-direction:column;
 display:flex;
 margin:20rpx 0 40rpx;
 background-color:#fff;
 border-bottom: 1px solid #ededed;
 border-top: 1px solid #ededed;
 padding-bottom: 5px;
}

.post-author-date{
 margin: 10rpx 0 20rpx 10px;
 display:flex;
 flex-direction: row;
 align-items: center;
}
```

```
.post-author-date image{
 width:60rpx;
 height:60rpx;
}
.post-author-date text{
 margin-left: 20px;
}

.post-image{
 width:100%;
 height:340rpx;
 margin-bottom: 15px;
}

.post-date{
 font-size:26rpx;
 margin-bottom: 10px;
}
.post-title{
 font-size:16px;
 font-weight: 600;
 color:#333;
 margin-bottom: 10px;
 margin-left: 10px;
}
.post-content{
 color:#666;
 font-size:26rpx;
 margin-bottom:20rpx;
 margin-left: 20rpx;
 letter-spacing:2rpx;
 line-height: 40rpx;
}
.post-like{
 display:flex;
 flex-direction: row;
 font-size:13px;
 line-height: 16px;
 margin-left: 10px;
 align-items: center;
}

.post-like image{
 height:16px;
 width:16px;
 margin-right: 8px;
}

.post-like text{
 margin-right: 20px;
}
```

```
text{
  font-size:24rpx;
  font-family:Microsoft YaHei;
  color: #666;
}
```

保存代码，编译后，运行效果如图 2-19 所示。

图 2-19　文章列表静态显示页面

从运行效果来看，图片显示正常了。

完成了页面数据的静态效果，接下来通过数据绑定来实现动态数据。尝试将编码在 posts. wxml 文件的数据移植到 posts. js 中，这里依然添加一个临时变量 postData 来模拟文章数据，添加的代码示例如下：

```
/**
*页面的初始数据
*/
data: {
  date:"February 9 2023",
  post:{
    title:"2023LPL 春季赛第八周最佳阵容",
    postImage:"/images/post/post1.jpg",
    avatar:"/images/avatar/1.png",
    content:"2023LPL 春季赛第八周最佳阵容已经出炉,请大家一起围观...",
  },
```

```
    readingNum: 23,
    collectionNum:{
    array:[108]
  },
  commentNum: 7
},
```

保存代码，编译后，运行效果如图 2-20 所示。

图 2-20 修改之后的动态运行效果

在 welcome 页面使用比较简单的数据完成数据绑定，但在实际开发中可能出现较为复杂的对象。为了让大家了解如何绑定复杂对象，对文章对象的数据进行处理，保存，自动编译。单击"调试器"→"AppData"，如图 2-21 所示。

图 2-21 文章数据在 AppData 中的 json 格式显示

此时，data 已经不是简单对象，它的属性包含对象和数组，结合开发工具 AppData，在"Code"状态下可以很清楚地看到数据的 JSON 格式。这里依然按照 JSON 对象的访问方式来访问这些属性，对应 posts 页面的代码可以使用"."或者［］访问复杂对象的属性。对 posts. wxml 文件代码进行修改，代码示例如下：

```
<!--文章列表 -->
<view class="post-container">
  <view class="post-author-date">
    <image src="{{post.avatar}}" />
    <text>{{date}}</text>
  </view>
  <text class="post-title">{{post.title}}</text>
  <image class="post-image" src="{{post.postImg}}" mode="aspectFill"/>
  <text class="post-content">{{post.content}}</text>
  <view class="post-like">
    <image src="/images/icon/wx_app_collected.png" />
    <text>{{collectionNum.array[0]}}</text>
    <image src="/images/icon/wx_app_view.png" />
    <text>{{readingNum}}</text>
    <image src="/images/icon/wx_app_message.png" />
    <text>{{commentNum}}</text>
  </view>
</view>
```

保存，自动编译，运行效果不变。

2.2.3.2 使用 setData 函数进行数据绑定更新

在实际业务逻辑中，有时需要动态更新页面上的数据，在微信小程序中可以使用 setData 函数来实现"数据更新"。setDate 方法位于 Page 对象的原型链上：Page. prototype. setData。大多数情况下，使用 this. setData 方法进行调用，setData 的参数接收一个对象，以 key 和 value 形式将 this. data 中的 key 对象值设置为 value。当执行 setData 函数时，会覆盖 this. data 变量里相同 key 的值，执行后会通知逻辑层执行 Rerender，并立刻重新渲染视图，一般情况下，在页面加载函数 onLoad 中调用。

现在实现一个需求：页面执行 2 s 后，文章标题更新为"2023PLP 第八周最佳阵容您猜到了吗？"。这时需要使用 setData 函数和 JS 的 setTimeout( ) 配合来实现需求，代码示例如下：

```
/**
*生命周期函数--监听页面加载
*/
onLoad(options) {
 console.log("onLoad：Post 页面加载。");
   //页面执行后 2 s 后,文章标题进行更新
 setTimeout(()=>{
   this.setData({"post.title" : ' 2023PLP 第八周最佳阵容您猜到了吗?' });
 },2000);
},
```

保存代码，自动编译，运行效果开始时与图 2-20 一样，2 s 后，文章的标题进行更新，如图 2-22 所示。

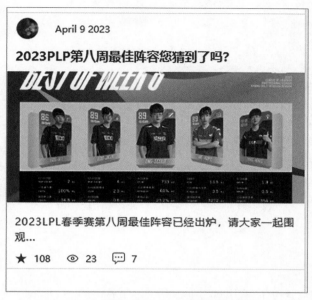

图 2-22 执行 setData 函数更新文章标题

查看 AppData 面板中的数据，发现同步更新了，如图 2-23 所示。

图 2-23 执行 setData 函数后 AppData 面板中数据更新

此外，还可以使用 this. setData 进行数据更新，在实际开发中，一般数据的初始化通过 this. data 设置，数据的更新通过 this. setData 实施。

2. 2. 3. 3 使用列表渲染实现文章列表的显示

在实际应用中，需要在页面显示服务器端数组数据，比如文章页面的轮播图、文章列表，这样的需求经常用。那么如何在微信小程序实现列表渲染呢？微信也采用很多 MVVM 框架的思想设计。这里使用 wx:for 进行列表渲染，分别实现轮播数据和文章列表功能。

1. 轮播图列表显示

首先需要在 this.data 中添加模拟服务器的数据，代码示例如下：

```
/**
*页面的初始数据
*/
data: {
  date:"April 9 2023",
  post:{
   title:"2023LPL 春季赛第八周最佳阵容",
   postImage:"/images/post/post1.jpg",
   avatar:"/images/avatar/1.png",
   content:"2023LPL 春季赛第八周最佳阵容已经出炉,请大家一起围观...",
  },
  readingNum: 23,
  collectionNum:{
   array:[108]
  },
  commentNum: 7,
  bannerList:[' /images/post/post-1.png ',' /images/post/post-2.png ',' /images/post/post-3.png ']
},
```

保存，运行，并查看"AppData"面板，如图 2-24 所示。

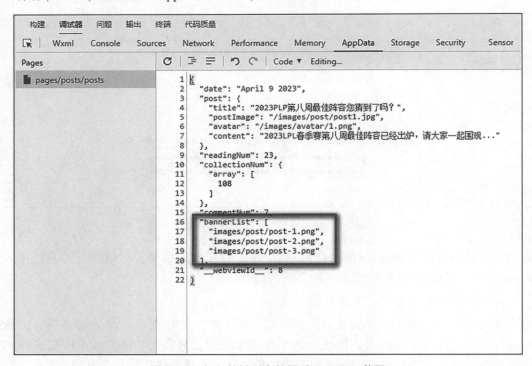

图 2-24　加入轮播列表数据后 AppData 截图

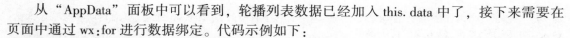

从"AppData"面板中可以看到，轮播列表数据已经加入 this.data 中了，接下来需要在页面中通过 wx:for 进行数据绑定。代码示例如下：

```
<!--文章轮播列表-->
<swiper indicator-dots="{{true}}" indicator-active-color="#fff" autoplay="{{true}}" interval="5000" circular="{{true}}">
  <swiper-item wx:for="{{bannerList}}" wx:for-item="bannerItem">
    <image src="{{bannerItem}}"></image>
  </swiper-item>
</swiper>
```

列表渲染的内容是<swiper-item>，所以在此标签中使用 wx:for，通过"wx:for-item"制订每次迭代内容项，可以省略，默认为"item"。

保存，自动编译，运行效果不变，表示运行成功。

2. 文章列表显示

首先需要在 posts.js 中添加模拟数据，代码示例如下：

```
var postListData = [{
    date: "February 9 2023",
    title: "2023LPL 春季赛第八周最佳阵容",
    postImg: "/images/post/post1.jpg",
    avatar: "/images/avatar/2.png",
    content: "2023LPL 春季赛第八周最佳阵容已经出炉,请大家一起围观...",
    readingNum: 23,
    collectionNum: 3,
    commentNum: 0,
    author: "游戏达人在线",
    dateTime: "24 小时前",
    detail: "2023LPL 春季赛第八周最佳阵容：上单——EDG.Ale、打野——EDG.Jiejie、中单——LNG.Scout、ADC——WE.Hope、辅助——RNG.Ming。第八周 MVP 选手——EDG.Jiejie,第八周最佳新秀——LGD.Xiaoxu。",
    postId: 1
  },
  {
    date: "April 9 2023",
    title: "ChatGPT 的崛起：从 GPT-1 到 GPT-3,AIGC 时代即将到来",
    postImg: "/images/post/post-3.png",
    avatar: "/images/avatar/3.png",
    content: "ChatGPT 也是 OpenAI 之前发布的 InstructGPT 的亲戚,ChatGPT 模型的训练是使用 RLHF ( Reinforcement learning with human feedback),也许 ChatGPT 的到来,也是 OpenAI 的 GPT-4 正式推出之前的序章。",
    readingNum: 23,
    collectionNum: 3,
    commentNum: 0,
    author: "阿尔法兔",
    dateTime: "24 小时前",
    detail: "Generative Pre-trained Transformer (GPT),是一种基于互联网可用数据训练的文本生成深度学习模型。它用于问答、文本摘要生成、机器翻译、分类、代码生成和对话 AI。2018 年,GPT-1 诞生,这一年也是 NLP(自然语言处理)的预训练模型元年。性能方面,GPT-1 有着一定的泛化能力,能够用于和监督任务无关
```

的 NLP 任务中。其常用任务包括:自然语言推理:判断两个句子的关系(包含、矛盾、中立);问答与常识推理:输入文章及若干答案,输出答案的准确率;语义相似度识别:判断两个句子语义是否相关;分类:判断输入文本是指定的哪个类别;虽然 GPT-1 在未经调试的任务上有一些效果,但其泛化能力远低于经过微调的有监督任务,因此 GPT-1 只能算得上一个还算不错的语言理解工具而非对话式 AI。GPT-2 也于 2019 年如期而至,不过,GPT-2 并没有对原有的网络进行过多的结构创新与设计,只使用了更多的网络参数与更大的数据集:最大模型共计 48 层,参数量达 15 亿,学习目标则使用无监督预训练模型做有监督任务。在性能方面,除了理解能力外,GPT-2 在生成方面第一次表现出了强大的天赋:阅读摘要、聊天、续写、编故事,甚至生成假新闻、钓鱼邮件或在网上进行角色扮演通通不在话下。在"变得更大"之后,GPT-2 的确展现出了普适而强大的能力,并在多个特定的语言建模任务上实现了彼时的最佳性能。之后,GPT-3 出现了,作为一个无监督模型(现在经常被称为自监督模型),几乎可以完成自然语言处理的绝大部分任务,例如面向问题的搜索、阅读理解、语义推断、机器翻译、文章生成和自动问答等。而且,该模型在诸多任务上表现卓越,例如在法语-英语和德语-英语机器翻译任务上达到当前最佳水平,自动产生的文章几乎让人无法辨别出自人还是机器(仅 52% 的正确率,与随机猜测相当),更令人惊讶的是,在两位数的加减运算任务上达到几乎 100% 的正确率,甚至还可以依据任务描述自动生成代码。一个无监督模型功能多、效果好,似乎让人们看到了通用人工智能的希望,可能这就是 GPT-3 影响如此之大的主要原因。",

```
        postId: 3,
    },
    {
        date: "February 22 2023",
        title: "2022 全球运动员收入第一名:力压梅西、C 罗、内马尔,吸金 8.7 亿元",
        postImg: "/images/post/post2.jpg",
        avatar: "/images/avatar/1.png",
        content: "美国体育商业媒体 Sportico 发布报告显示:迈克尔·乔丹以 33 亿美元(约合人民币 227 亿元)荣膺有史以来收入最高的运动员,紧随其后的是泰格·伍兹(25 亿美元)、阿诺德·帕尔默(17 亿美元)。",
        readingNum: 96,
        collectionNum: 7,
        commentNum: 4,
        author: "林白衣",
        dateTime: "24 小时前",
        detail: "排在榜单 6-10 位的分别是史蒂芬·库里(篮球)、凯文·杜兰特(篮球)、罗杰·费德勒(网球)、詹姆斯·哈登(篮球)、泰格·伍兹(高尔夫)。刚刚度过 35 岁生日的库里,尽管饱受伤病困扰,依旧交出场均 30.1 分 6.2 篮板 6.3 助攻 1.6 抢断的成绩。所在的金州勇士队,目前以 36 胜 34 负的战绩排名西部第六。值得一提的是,凭借出色的战绩和运营,勇士打破了尼克斯和湖人 20 多年的垄断,以 70 亿美元的身价登顶福布斯 2022 年 NBA 球队价值榜。2021-2022 赛季,他们赢得了八年来的第四个总冠军,并创下 NBA 历史上最多的球队收入(扣除联盟的收入分成后为 7.65 亿美元)和最高的运营利润(2.06 亿美元)。除此之外,勇士队从球场赞助和广告中获得的收入高达 1.5 亿美元,是其他球队的两倍。在新的大通中心球馆(Chase Center)打完的第一个完整赛季,光是豪华座席收入。就超过 2.5 亿美元,也是迄今为止联盟中最多的。",
        postId: 2
    },
    {
        date: "Jan 29 2017",
        title: "飞驰的人生",
        postImg: "/images/post/jumpfly.png",
        avatar: "/images/avatar/avatar-3.png",
        content: "《飞驰人生》应该是韩寒三部曲的第三部。从《后悔无期》到《乘风破浪》再到《飞驰人生》…",
        readingNum: 56,
        collectionNum: 6,
        commentNum: 0,
        author: "林白衣",
```

```
        dateTime: "24 小时前",
        detail: "《飞驰人生》应该是韩寒三部曲的第三部。从《后悔无期》到《乘风破浪》再到《飞驰人生》,故
事是越讲越直白,也越来越贴近大众。关于理想、关于青春永远是韩寒作品的主题。也许生活确实像白开
水,需要一些假设的梦想,即使大多数人都不曾为梦想努力过,但我们依然爱看其他人追梦,来给自己带来些
许的慰藉。…",
        postId: 3
    },
    {
        date: "Sep 22 2016",
        title: "换个角度,再来看看微信小程序的开发与发展",
        postImg: "/images/post/post-2.jpg",
        avatar: "/images/avatar/avatar-2.png",
        content: "前段时间看完了雨果奖中短篇获奖小说《北京折叠》。很有意思的是,张小龙最近也要把应
用折叠到微信里,这些应用被他称为:小程序…",
        readingNum: 0,
        collectionNum: 0,
        commentNum: 0,
        author: "林白衣",
        dateTime: "24 小时前",
        detail: "我们先举个例子来直观感受下小程序和 App 有什么不同。大家都用过支付宝,在其内部包
含着很多小的服务:手机充值、城市服务、生活缴费、信用卡还款、加油服务,吧啦吧啦一大堆服务。这些细小
的、功能单一的服务放在支付宝这个超级 App 里,你并不觉得有什么问题,而且用起来也很方便。那如果这
些小的应用都单独拿出来,成为一个独立的 App",
        postId: 4
    },
    {
        date: "Jan 29 2017",
        title: "2017 微信公开课 Pro",
        postImg: "/images/post/post-3.jpg",
        avatar: "/images/avatar/avatar-4.png",
        content: "在今天举行的 2017 微信公开课 Pro 版上,微信事业群总裁张小龙宣布,微信"小程序"将于
1 月 9 日正式上线。",
        readingNum: 32,
        collectionNum: 2,
        commentNum: 0,
        author: "林白衣",
        dateTime: "24 小时前",
        detail: "在今天举行的 2017 微信公开课 Pro 版上,微信宣布,微信"小程序"将于 1 月 9 日正式上线,
公布了几乎完整的小程序生态模式:微信里没有小程序入口、没有应用市场,分发模式几乎沿用公众号的模
式,去中心化,限制搜索的能力,大多数小程序不能支持模糊搜索,必须输入完整的小程序名称…",
        postId: 5
    }
];
//绑定数据
this.setData({
    postList:postListData
})
```

这里通过 onLoad 函数定义 postListData 变量,然后通过 this. setData 方法加载数据。接下来在 posts. wxml 文件中修订代码,代码示例如下:

```
<!--文章列表 -->
<block wx:for="{{postList}}" wx:for-item="post" wx:for-index="postId" wx:key=index>
  <view class="post-container">
    <view class="post-author-date">
      <image src="{{post.avatar}}" />
      <text>{{post.date}}</text>
    </view>
    <text class="post-title">{{post.title}}</text>
    <image class="post-image" src="{{post.postImg}}" mode="aspectFill"/>
    <text class="post-content">{{post.content}}</text>
    <view class="post-like">
    <image src="/images/icon/wx_app_collected.png" />
    <text>{{post.collectionNum}}</text>
    <image src="/images/icon/wx_app_view.png" />
    <text>{{post.readingNum}}</text>
    <image src="/images/icon/wx_app_message.png" />
    <text>{{post.commentNum}}</text>
    </view>
  </view>
</block>
```

图 2-25　加入文章列表显示效果

重点关注<block></block>这对括号内的代码。<block>标签没有实际意义，它并不是组件，所以把它叫作"标签"，它仅仅是一个包装，不会在页面内被渲染。当然，也可以不使用这个标签，换成<view>同样能够正常运行，并不推荐使用 view 等组件来做列表渲染。因为与 HTML 一样，希望标签或者组件元素是语义明确的。

使用"wx:key='postId'"表示 for 循环的 array 中 item 的某个 property，该 property 的值需要是列表中唯一的字符串或数字，且不能动态改变。其目的是当数据改变，触发渲染层重新渲染的时候，会校正带有 key 的组件，框架会确保他们被重新排序，而不是重新创建，以确保使组件保持自身的状态，并且提高列表渲染时的效率。

列表标签中的 wx:for-index 属性表示 for 循环的索引。

保存代码，自动编译，运行效果如图 2-25 所示。

以上就是文章页面的文章列表功能。

2.3　完成从欢迎页面跳转到文章页面

2.3.1　任务描述

前面的任务已经完成了欢迎页面功能和文章页面功能。在本任务中，需要实现从欢迎页面跳转到文章页面。在此之前，需要了解关于微信小程序的事件相关知识，同时，需了解在微信小程序中实现页面跳转路由 API 的使用。

2.3.2　知识学习

2.3.2.1　事件和事件冒泡

1. 事件

目前为止，完成了 welcome 页面与 posts 文章页面，接下来尝试将这两个页面连接起来，通过单击 welcome 页面的"开启小程序之旅"跳转到 posts 文章页面。

为了能够深入理解微信小程序关于事件处理的机制，首先简单介绍在微信小程序中事件的基本概念。

基于 JavaScript 开发的微信小程序，这里具体的事件是什么？据官方介绍：

- 事件是视图层到逻辑层的通信方式。
- 事件可以将用户的行为反馈到逻辑层进行处理。
- 事件可以绑定在组件上，当达到触发事件，就会执行逻辑层中对应的事件处理函数。
- 事件对象可以携带额外信息，如 id、dataset、touches。

接下来从 welcome 页面跳转到 posts 页面，需要使用事件来响应单击"开启小程序之旅"这个动作，结合上面对事件概念的介绍，可以理解单击 welcome 页面的"开启小程序之旅"按钮，需要在对应的 welcome.js 文件中的这个"单击"动作进行逻辑处理。要实现这样的机制，需要完成两件事情：

①在需要调用的组件上注册事件（在 JavaScript 语法中叫作绑定事件）。

②在 JS 中编写事件处理响应函数。

2. 冒泡事件与非冒泡事件

微信小程序事件处理与原生 JS 一样，会出现事件冒泡，因此，把事件分为冒泡事件与非冒泡事件。

冒泡事件：当一个组件上的事件被触发后，该事件会向父节点传递。

非冒泡事件：当一个组件上的事件被触发后，该事件不会向父节点传递。

官方冒泡事件列表如图 2-26 所示。

2.3.2.2　路由机制

在小程序中，所有页面的路由都由框架进行管理。框架以栈的形式维护了当前的所有页面。当发生路由切换时，页面栈的表现如图 2-27 所示。

对应实现的 API：

- wx.navigateTo(Object object) 保留当前页面，跳转到应用内的某个页面。但是不能跳到 tabbar 页面。使用 wx.navigateBack 可以返回原页面。小程序中页面栈最多 10 层。

- wx.navigateBack(Object object) 关闭当前页面，返回上一页面或多级页面。可通过 getCurrentPages 获取当前的页面栈，决定需要返回几层。

- wx.redirectTo(Object object) 关闭当前页面，跳转到应用内的某个页面。但是不允许跳转到 tabBar 页面。

- wx.switchTab(Object object) 跳转到 tabBar 页面，并关闭其他所有非 tabBar 页面。

- wx.reLaunch(Object object) 关闭所有页面，打开到应用内的某个页面。

WXML的冒泡事件列表:

类型	触发条件	最低版本
touchstart	手指触摸动作开始	
touchmove	手指触摸后移动	
touchcancel	手指触摸动作被打断，如来电提醒，弹窗	
touchend	手指触摸动作结束	
tap	手指触摸后马上离开	
longpress	手指触摸后，超过350ms再离开，如果指定了事件回调函数并触发了这个事件，tap事件将不被触发	1.5.0
longtap	手指触摸后，超过350ms再离开（推荐使用longpress事件代替）	
transitionend	会在 WXSS transition 或 wx.createAnimation 动画结束后触发	
animationstart	会在一个 WXSS animation 动画开始时触发	
animationiteration	会在一个 WXSS animation 一次迭代结束时触发	
animationend	会在一个 WXSS animation 动画完成时触发	
touchforcechange	在支持 3D Touch 的 iPhone 设备，重按时会触发	1.9.90

注：除上表之外的其他组件自定义事件如无特殊声明都是非冒泡事件，如 form 的 submit 事件，input 的 input 事件，scroll-view 的 scroll 事件，（详见各个组件）

图 2-26　官方冒泡事件列表

页面栈

框架以栈的形式维护了当前的所有页面。当发生路由切换的时候，页面栈的表现如下：

路由方式	页面栈表现
初始化	新页面入栈
打开新页面	新页面入栈
页面重定向	当前页面出栈，新页面入栈
页面返回	页面不断出栈，直到目标返回页
Tab 切换	页面全部出栈，只留下新的 Tab 页面
重加载	页面全部出栈，只留下新的页面

图 2-27　微信小程序页面栈的表现

每一种方法都需要传递 object 对象，Object 参数具体如图 2-28 所示。

Object object

属性	类型	默认值	必填	说明
url	string		是	需要跳转的应用内页面路径（代码包路径），路径后可以带参数。参数与路径之间使用?分隔，参数键与参数值用=相连，不同参数用&分隔；如 'path?key=value&key2=value2'
success	function		否	接口调用成功的回调函数
fail	function		否	接口调用失败的回调函数
complete	function		否	接口调用结束的回调函数（调用成功、失败都会执行）

图 2-28 路由函数对象参数说明

可以看到，API 的 url 参数是必需的，其他参数可以省略。

2.3.3 任务实施

2.3.3.1 完成欢迎页面按钮的事件绑定

具体实现步骤如下。

调整启动页面，将启动页面的路径设置为 welcome 页面，更改 welcome. wxml 页面的代码，代码示例如下：

```
<view class="container">
 <image class="avatar" src="{{avatar}}"></image>
 <text class="motto">{{motto}}</text>
 <view catchtap="hanldTap" class="journey-container">
   <text class="journey">开启小程序之旅</text>
 </view>
</view>
```

上面的代码表明，class="journey-container" 这个 view 组件通过 catchtap="hanldTap" 绑定事件，这里绑定的是一个单击事件。微信小程序的 API 中，要完成事件绑定，需要在对应 JS 文件中添加一个处理函数，代码示例如下：

```
hanldTap:function(event){
   console.log("click me!");
}
```

保存代码，自动编译，运行后，单击 welcome 页面的"开启小程序之旅"，在控制台出现对应提示信息，如图 2-29 所示。

与原生的 JS 一样，可以通过在处理函数中添加 event 参数来获取事件信息。修改代码，代码示例如下：

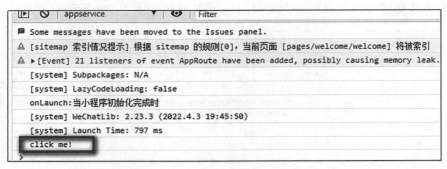

图 2-29　单击"开启小程序之旅"按钮后控制台出现的对应提示信息

```
hanldTap:function(event){
    console.log("click me!");
    console.log(event);
}
```

保存代码，自动编译，重新运行，单击"开启小程序之旅"按钮，再一次查看控制信息，如图 2-30 所示。

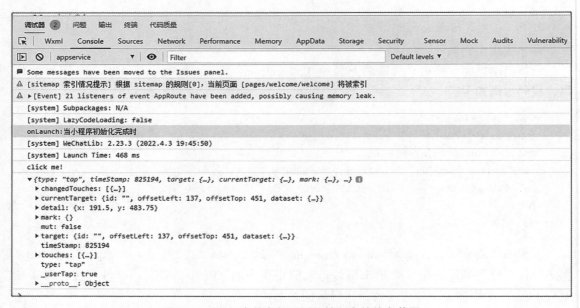

图 2-30　添加事件参数后运行控制台的信息截图

从控制台信息可以看到，通过 event 参数能够获得事件中的很多信息，如 type 表示事件类型，这里重点介绍 id 与 dataset 两个参数。

当传递一个简单数据时，可以使用 id。

当传递一个复杂的对象信息时，可以使用 dataset。

接下来通过示例进行展示。修改 welcome. wxml 代码，示例如下：

```
<view catchtap="hanldTap" id="postId" data-info1="Weixin" data-info2="java" class="journey-container">
    <text class="journey">开启小程序之旅</text>
</view>
```

保存代码，自动编译，重新运行，单击"开启小程序之旅"按钮，再一次查看控制台信息，如图 2-31 所示。

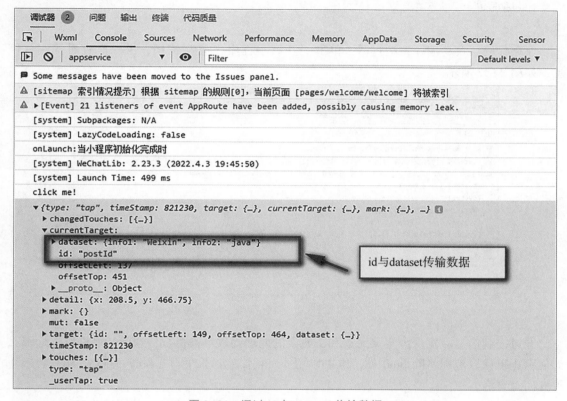

图 2-31 通过 id 与 dataset 传输数据

接下来通过示例来介绍事件冒泡的使用。修改 welcome 页面的代码，示例如下：

```
<view class="container">
    <image class="avatar" src="{{avatar}}"></image>
    <text class="motto">{{motto}}</text>
    <view bindtap="hanldTap" id="postId" data-info1="Weixin" data-info2="java" class="journey-container">
        <text class="journey" bindtap="hanldTapInner">开启小程序之旅</text>
    </view>
</view>
```

view 组件和 text 组件都通过 bind 方式绑定事件，这两个组件是父子关系。同时修改 welcome. js 的代码，示例如下：

```
hanldTap:function(event){
  // console.log("click me!");
  // console.log(event);
  console.log("父节点被单击了");
},

hanldTapInner:function(){
  console.log("子节点被单击了");
},
```

保存代码，自动编译，运行后，单击"开启小程序之旅"按钮，再一次查看控制台信息，如图 2-32 所示。

图 2-32　事件冒泡

通过控制信息，发现绑定父元素和子元素的处理函数都被执行，这就是事件冒泡。那么如何阻止事件冒泡呢？除 bind 外，也可以用 catch 来绑定事件。与 bind 不同，catch 会阻止事件向上冒泡。

修改 welcome. wxml 文件，把 bind 绑定修改为 catch 绑定的方式，代码示例如下：

```
<view class="container">
  <image class="avatar" src="{{avatar}}"></image>
  <text class="motto">{{motto}}</text>
  <view catchtap="hanldTap" id="postId" data-info1="Weixin" data-info2="java" class="journey-
container">
      <text class="journey" catchtap="hanldTapInner">开启小程序之旅</text>
  </view>
</view>
```

保存代码，自动编译，运行后，单击"开启小程序之旅"按钮，再一次查看控制台信息，如图 2-33 所示。

基本上所有的组件都有以上这些事件冒泡，非冒泡事件大多不是通用事件，而是某些组件特有的事件。如<form/>的 submit 事件、<input/>的 input 事件等。

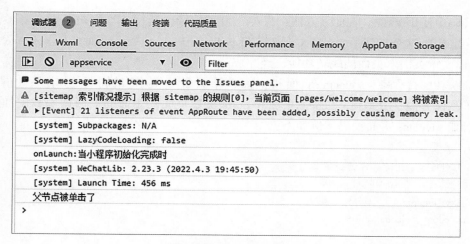

图 2-33 阻止事件冒泡

2.3.3.2 完成从欢迎页面跳转到文章页面

使用 navigateTo 方法实现从 welcome 页面跳转到 posts 文章列表页面，其具体实现步骤如下。

（1）为 welcome 页面中的"开启小程序之旅"按钮绑定单击事件。修改 welcome.js 文件中的代码，示例如下：

```
<view class="container">
  <image class="avatar" src="{{avatar}}"></image>
  <text class="motto">{{motto}}</text>
  <view catchtap="goToPostPage" class="journey-container">
    <text class="journey">开启小程序之旅</text>
  </view>
</view>
```

（2）在 welcome.js 文件中添加处理页面跳转的代码，代码示例如下：

```
// 处理页面跳转函数
goToPostPage:function(event){
  wx.navigateTo({
    url: '../posts/posts',
    success:function(){
      console.log("gotoPost Success!");
    },
    fail:function(){
      console.log("gotoPost fail!");
    },
    complete:function(){
      console.log("gotoPost complete!");
    }
  })
}
```

在代码中使用 wx. navigateTo 方法，保存，自动编译，运行。当用户单击或者触碰"开启小程序之旅"这个按钮后，MINA 框架执行 goToPostPage 函数，页面将从 welcome 页面跳转到 posts 文章页面。页面的跳转功能已经完成。

页面跳转的过程中，welcome 页面和 posts 文章页面两个页面的周期是如何变化的？

为了测试方便，分别在 welcome 页面和 posts 文章页面的生命周期回调函数中加入对应的代码，如 welcome 页面代码示例如下：

```
/**
*生命周期函数--监听页面初次渲染完成
*/
onReady: function () {
  console.log("welcome:onReady");
},

/**
*生命周期函数--监听页面加载
*/
onLoad: function (options) {
  console.log("welcome:onLoad");
},
/**
*生命周期函数--监听页面显示
*/
onShow: function () {
  console.log("welcome:onShow");
},

/**
*生命周期函数--监听页面隐藏
*/
onHide: function () {
  console.log("welcome:onHide");
},

/**
*生命周期函数--监听页面卸载
*/
onUnload: function () {
  console.log("welcome:onUnload");
}
```

在 posts 文章页面也加入同样代码，保存，自动编译，welcome 页面会按照之前介绍的次序执行。查看控制台提示消息，如图 2-34 所示。

单击"开启小程序之旅"按钮，页面跳转到 posts 文章页面，再次查看控制台提示消息，如图 2-35 所示。

从控制台的提示信息可以看到，从 welcome 页面跳转到了 posts 文章页面，welcome 页面

图 2-34 welcome 页面执行生命周期回调函数

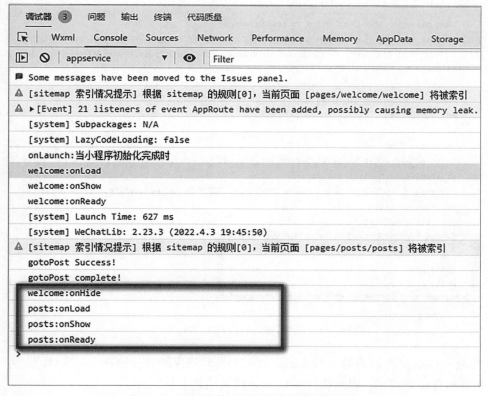

图 2-35 页面跳转，执行生命周期回调函数

执行 onHide 隐藏页面；同时，posts 文章页面执行 onLoad、onShow 和 onReady 回调函数。这就是 wx. navigateTo（Object object） 的执行原理，这跟官方的文档说明也是一致的。

接下来把跳转的方法换成 redirectTo，代码示例如下：

```
//使用 redirectTo 跳转,关闭当前页面,跳转到应用内的某个页面
 wx.redirectTo({
  url: ' ../posts/posts' ,
  success: function () {
   console.log("gotoPost Success!");
  },
  fail: function () {
   console.log("gotoPost fail!");
  },
  complete: function () {
   console.log("gotoPost complete!");
  }
 })
```

保存，自动编译，重复刚才的操作，查看控制台的信息，如图 2-36 所示。

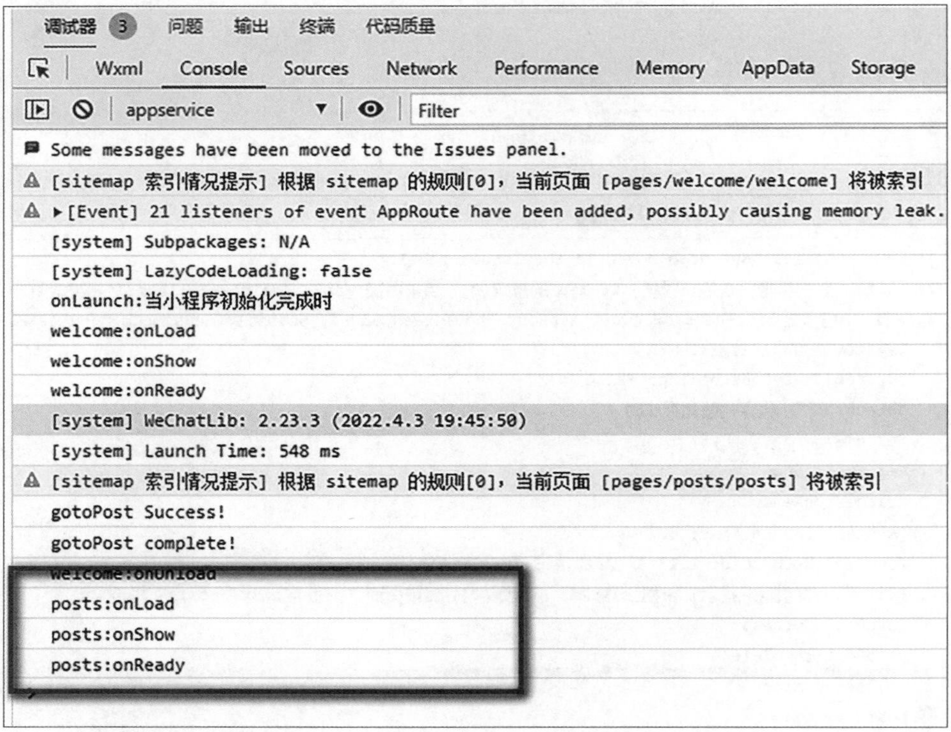

图 2-36　使用 redirectTo 方法执行页面跳转

从控制台的提示可以看到，与 navigateTo 方法不一样的是，执行 redirectTo 方法时，把 welcome 页面直接关闭了，因此执行 onUnload 回调函数。

关于页面路由和页面生命周期的关系，如图 2-37 所示（官方文档地址：https://developers. weixin. qq. com/miniprogram/dev/framework/app-service/route. html）。

到目前为止，已经完成了文章页面的所有功能。

路由方式

对于路由的触发方式以及页面生命周期函数如下：

路由方式	触发时机	路由前页面	路由后页面
初始化	小程序打开的第一个页面		onLoad, onShow
打开新页面	调用 API wx.navigateTo 使用组件 <navigator open-type="navigateTo"/>	onHide	onLoad, onShow
页面重定向	调用 API wx.redirectTo 使用组件 <navigator open-type="redirectTo"/>	onUnload	onLoad, onShow
页面返回	调用 API wx.navigateBack 使用组件 <navigator open-type="navigateBack"> 用户按左上角返回按钮	onUnload	onShow
Tab 切换	调用 API wx.switchTab 使用组件 <navigator open-type="switchTab"/> 用户切换 Tab		各种情况请参考下表
重启动	调用 API wx.reLaunch 使用组件 <navigator open-type="reLaunch"/>	onUnload	onLoad, onShow

图 2-37　路由函数与页面生命周期关系

单元小结

• 使用 swiper 组件和 swiper-item 组件实现文章页面轮播。

• 微信小程序是逻辑层，通过 .js 文件进行处理。页面生命周期包含页面加载（onLoad）、页面初次渲染（onReady）、页面显示（onShow）、页面隐藏（onHide）、页面卸载（onUnload）五个阶段。

• 微信小程序数据绑定通过 setDate 函数动态更新数据。

• 在微信小程序中，为组件绑定事件的方式有 bind 绑定方式和 catch 绑定方式。bind 绑定可以触发事件冒泡，而 catch 绑定方式可以阻止事件冒泡。

单元自测

1. 微信小程序中，属于 swiper 组件属性的是（　　）。

A. indicator-dots　　B. indicator-color

C. indicator-active-color　　D. autoplay

2. 微信小程序中，单击事件是（　　）。

A. touchmove　　B. tap　　C. touchend　　D. touchstart

3. 下列选项中，不属于 App 生命周期函数的是（　　）。

A. onLaunch　　B. onLoad　　C. onUnload　　D. OnHide

4. 下列选项中，不属于微信小程序事件对象属性的是（　　）。

A. type　　　　　　　　B. resource　　　　　　　　C. target　　　　　　　　D. currentTarget

5. 下列选项中，关于微信小程序事件，说法正确的是（　　）。

A. 微信小程序中事件分为冒泡事件和非冒泡事件

B. 事件对象可以携带额外信息，如 id、dataset、touches

C. bind 为组件绑定非冒泡事件，catch 则绑定冒泡事件

D. 同一组件只能绑定一次事件处理函数

上机实战

上机目标

- 掌握 swiper 组件和 swiper-item 组件的使用方法。
- 掌握数据绑定的使用方法。
- 掌握事件绑定和路由的使用方法。

上机练习

◆第一阶段◆

练习 1：按照图 2-38 所示完成微信小米商城首页效果。

图 2-38　微信小米商城首页效果

【问题描述】

（1）完成微信小米商城首页静态页面布局。

（2）完成首页轮播效果（轮播模拟数据定义在 JS 文件中）。

（3）完成商品信息列表显示效果（模拟数据定义在 JS 文件中）。

【问题分析】

根据上面的问题描述，商场首页功能主要包含两个部分：顶部的商品轮播部分和下面的热卖爆品列表部分，其整体的实现步骤可以参考文章页面功能实现步骤。

【参考步骤】

（1）打开微信开发者工具，创建一个微信小程序项目。

（2）创建 images 目录，把对应图片资料复制到此目录中。

（3）在 pages 目录中创建新目录 index，在 index 目录中创建页面，完成商城首页的基本结构与样式。新创建页面的元素代码如下：

```
<!--index.wxml-->
<view class="container">
<!--轮播图 -->
<swiper class="banner" indicator-dots="{{true}}" indicator-color="rgba(255,255,255,0.3)" indicator-active-
color="#edfdff" indicator autoplay="true" interval="5000" circular="{{true}}">
  <swiper-item>
   <image src="../../images/01.jpg"></image>
  </swiper-item>
  <swiper-item>
   <image src="../../images/02.jpg"></image>
  </swiper-item>
  <swiper-item>
   <image src="../../images/03.jpg"></image>
  </swiper-item>
  <swiper-item>
   <image src="../../images/04.jpg"></image>
  </swiper-item>
  <swiper-item>
   <image src="../../images/05.jpg"></image>
  </swiper-item>
</swiper>

<!--爆破推荐 -->
<image src="../../images/pb.webp" class="bp"></image>
<!--商品列表 -->
<view class="good-list">

  <view class="good">
   <image class="good-img" src="/images/good01.jpg"></image>
   <view class="good-info">
```

```
      <text class="info-title">小米路由器</text>
      <text class="info-attr">6000 兆无线速度</text>
      <view class="info-price"><text>599</text></view>
    </view>
  </view>

  <view class="good">
   <image class="good-img" src="/images/good02.jpg"></image>
   <view class="good-info">
    <text class="info-title">米家增压蒸汽挂烫机</text>
    <text class="info-attr">轻松深层除皱，熨出专业效果</text>
    <view class="info-price"><text>529</text></view>
   </view>
  </view>

  <view class="good">
   <image class="good-img" src="/images/good03.jpg"></image>
   <view class="good-info">
    <text class="info-title">小爱触屏音箱</text>
    <text class="info-attr">好听，更好看</text>
    <view class="info-price"><text>249</text></view>
   </view>
  </view>

  <view class="good">
   <image class="good-img" src="/images/good04.jpg"></image>
   <view class="good-info">
    <text class="info-title">米家智能蒸烤箱</text>
    <text class="info-attr">30L 大容积，蒸烤烘炸炖一机多用</text>
    <view class="info-price"><text>1499</text></view>
   </view>
  </view>

  <view class="good">
   <image class="good-img" src="/images/good05.jpg"></image>
   <view class="good-info">
    <text class="info-title">触屏音箱 Pro</text>
    <text class="info-attr">大屏不插电，小爱随身伴</text>
    <view class="info-price"><text>599</text></view>
   </view>
  </view>

  <view class="good">
   <image class="good-img" src="/images/good06.jpg"></image>
   <view class="good-info">
    <text class="info-title">米家互联网洗碗机 8 套嵌入式</text>
    <text class="info-attr">洗烘一体，除菌率高达 99.99%</text>
```

```
        <view class="info-price"><text>2299</text></view>
      </view>
    </view>
  </view>
</view>
```

对应页面样式代码如下：

```
/*设置 swiper 的样式 */
swiper.banner{
    width: 100%;
    height: 187.5px;
}

.banner image{
    width: 750rpx;
    height: 375rpx;
}

.bp{
    padding-top: 20rpx;
    width: 100%;
    height: 116rpx;
    background-color: #fffdff;
}
/*商品列表样式 */
.good-list{
    background-color: #fffdff;
    display: flex;
    flex-direction: row;
    flex-wrap: wrap;
    justify-content:space-between;
    margin-top: 16rpx;
    padding: 0 12rpx ;

}

.good{
    width: 228rpx;
    display: flex;
    flex-direction:column;
    align-items: center;
    padding-bottom: 60rpx;
}

.good-img{

    width: 228rpx;
    height: 228rpx;
    border-radius: 10rpx 10rpx 0rpx 0rpx;
```

```
        }

    .good-info{

        display:flex;
        flex-direction: column;
        align-items: center;
        width: 288rpx;
        margin-top: 24rpx;

    }

    .good-info text{
        margin-bottom: 14rpx;
    }

    .info-title{
        width: 210rpx;
        height: 30rpx;
        line-height: 30rpx;
        font-weight: bold;
        color: #3c3c3c;
        white-space:nowrap;
        overflow: hidden;
        text-overflow: ellipsis;
    }

    .info-price text::before{
        content: '￥';
    }

    .info-attr{

        width: 210rpx;
        height: 30rpx;
        line-height: 30rpx;
        color: #3c3c3c;
        white-space:nowrap;
        font-size: 28rpx;
        overflow: hidden;
        text-overflow: ellipsis;
    }
    .info-price{

        color:#ff4a48;
        font-weight: 700;

    }
```

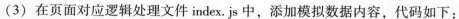

（3）在页面对应逻辑处理文件 index. js 中，添加模拟数据内容，代码如下：

```
/**
 *页面的初始数据
 */
data: {

  //轮播信息
  bannerData:{

    listImage: ["../../images/01.jpg","../../images/02.jpg","../../images/03.jpg","../../images/04.jpg","../../images/05.
jpg"],

    indicatordots:true,
    indicatorolor:"rgba(255,255,255,0.3)",
    indicatoractivecolor:"#edfdff",
    autoplay:true,
    interval:"5000",
    circular:true,

  },
  //商品列表
  goodList: []

}
,
/**
 *生命周期函数--监听页面加载   */
onLoad: function (options) {

  vargoodList = [{
      gid : "1",
      image: "/images/good01.jpg",
      title: "小米路由器",
      attr: "6000 兆无线速度",
      price: "599"
    },
    {
      gid : "2",
      image: "/images/good02.jpg",
      title: "米家增压蒸汽挂烫机",
      attr: "轻松深层除皱,熨出专业效果",
      price: "529"
    },
    {
      gid : "3",
      image: "/images/good03.jpg",
      title: "小爱触屏音箱",
      attr: "好听,更好看",
      price: "249"
    },
```

```
      {
        gid : "4",
        image: "/images/good04.jpg",
        title: "米家智能蒸烤箱",
        attr: "30L 大容积，蒸烤烘炸炖一机多用",
        price: "1499"
      },
      {
        gid : "5",
        image: "/images/good05.jpg",
        title: "触屏音箱 Pro",
        attr: "大屏不插电，小爱随身伴",
        price: "599"
      },
      {
        gid : "6",
        image: "/images/good06.jpg",
        title: "米家互联网洗碗机 8 套嵌入式",
        attr: "洗烘一体，除菌率高达 99.99%",
        price: "2299"
      },
    ];

    this.setData({
      goodList
    })
  },
```

（4）在页面文件 index.wxml 中完成数据绑定，参考代码如下：

```
<view class="container">
<!--轮播图 -->
<swiper class="banner" indicator-dots="{{bannerData.indicatordots}}" indicator-color="{{bannerData.indicatorolor}}" indicator-active-color="{{bannerData.indicatoractivecolor}}"  autoplay="{{bannerData.autoplay}}" interval="{{bannerData.interval}}" circular="{{bannerData.circular}}">
  <swiper-item wx:for="{{bannerData.listImage}}" wx:for-index="idx" wx:key="idx">
    <image src="{{item}}"></image>
  </swiper-item>
</swiper>

<!--爆破推荐 -->
<image src="../../images/pb.webp" class="bp"></image>

<!--商品列表 -->
<view class="good-list">
  <block wx:for="{{goodList}}" wx:for-item="good" wx:key="gid">
```

```
<view class="good" bind:tap="goToGoodDetail">
  <image class="good-img" src="{{good.image}}"></image>
  <view class="good-info">
   <text class="info-title">{{good.title}}</text>
   <text class="info-attr">{{good.attr}}</text>
   <view class="info-price"><text>{{good.price}}</text></view>
  </view>
 </view>
</block>
</view>
</view>
```

（5）完成代码编写后，保存代码，运行，就可以看到图 2-38 所示效果。

◆第二阶段◆

练习 2：基于练习 1 的微信小米商城案例，完成图 2-39 所示商品详情页面效果和从首页跳转到商品详情页面的功能。

图 2-39　商品详情页面效果

【问题描述】

商品详情页面主要包含此商品的轮播部分和商品的详情信息两个部分，同时要求在商品首页的商品列表中单击商品图片能够跳转到商品详情页面。

【问题分析】

根据问题描述，商品详情页面的实现可以参考首页的实现步骤进行，对应页面跳转功能可以参考从欢迎页面跳转到文章列表页面的实现步骤。

单元三

欢迎页面与文章页面升级

课程目标

知识目标

❖完成文章数据从业务分离与模块化

❖使用微信小程序模板完成文章列表显示

❖使用缓存完成本地模拟服务器数据库

❖完成用户登录授权

技能目标

❖理解微信小程序应用程序的生命周期

❖掌握微信小程序本地缓存 API 的使用

❖掌握微信小程序用户授权 API 的使用

素质目标

❖具有良好的问题分析与解决能力

❖具有一定的自我管理能力

❖养成分析、归纳、总结的思维习惯

简 介

在前面的单元中，已经实现了欢迎页面和文章页面的功能，但数据和数据处理逻辑混合在一起，在实际开发中，这不是一种推荐的做法。在本单元的任务中，将使用小程序模块化的思路将数据与数据处理从业务分离，具体通过使用小程序的模板完成文章列表的显示，使用微信小程序的缓存技术完成本地模拟服务器数据库。同时，介绍小程序应用程序的生命周期，进一步理解小程序的处理逻辑，最后介绍微信小程序中用户授权 API 的使用，并同时完成当前应用的用户授权功能。

3.1 完成文章数据从业务分离与模块化

3.1.1 任务描述

3.1.1.1 任务需求

本任务主要完成将文章数据从业务分离出来，同时使用模块化的方法来完成当前文章页面的逻辑处理。

3.1.1.2 效果预览

本任务主要对文章页面的逻辑处理进行优化，显示效果与之前一致。

3.1.2 知识学习

3.1.2.1 数据业务分离与模块化的优势

将文章数据从业务分离不是微信小程序独有的知识点，它更多是一种程序设计思想。在实际开发中，由于程序设计的业务逻辑越来越复杂，分工越来越细，对程序维护的方便性提出更高的要求。在这样的场景下，程序设计需要模块化，接下来通过完成文章数据从业务中分离来介绍如何在微信小程序中实现模块化开发。

3.1.2.2 模块化

模块化程序设计是指在进行程序设计时，将一个大程序按照功能划分为若干小程序模块，每个小程序模块完成一个确定的功能，并在这些模块之间建立必要的联系，通过模块的互相协作完成整个功能的程序设计方法。图 3-1 所示为程序设计模块化模型，把一个页面的内容分成不同的部分进行完成。

程序设计为什么要模块化？

（1）控制程序设计的复杂性。

（2）提高代码的重用性。

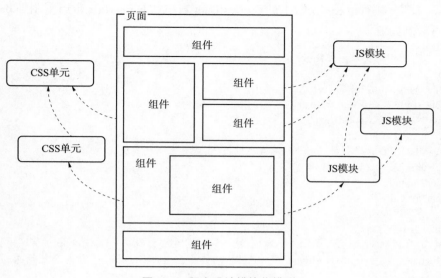

图 3-1　程序设计模块化模型

（3）易于维护和进行功能扩充。

（4）有利于团队开发。

3.1.3　任务实施

模块化的第一步就是进行数据分离，这样方便团队合作，更重要的是，方便后期的维护
具体操作步骤如下：

1. 数据分离

在项目的根目录中新建一个文件夹，命名为 data。然后在 data 目录下新建一个 JS 文件，
命名为 data.js。完成目录结构，如图 3-2 所示。

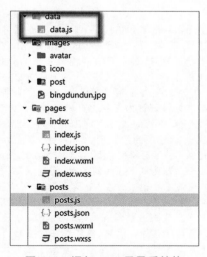

图 3-2　添加 data 目录后结构

将 posts. js 文件中 onLoad 函数下的 postListData 数组和 bannerList 数组复制到 data. js 文件中,其代码示例如下:

```
//模拟文章页面中的文章列表数据
var postListData = [{
date: "February 9 2023",
title: "2023LPL 春季赛第八周最佳阵容",
postImg: "/images/post/post1.jpg",
avatar: "/images/avatar/2.png",
content: "2023LPL 春季赛第八周最佳阵容已经出炉,请大家一起围观...",
readingNum: 23,
collectionNum: 3,
commentNum: 0,
author: "游戏达人在线",
dateTime: "24 小时前",
detail: "2023LPL 春季赛第八周最佳阵容:上单——EDG.Ale、打野——EDG.Jiejie、中单——LNG.Scout、
ADC——WE.Hope、辅助——RNG.Ming。第八周 MVP 选手——EDG.Jiejie,第八周最佳新秀——LGD.Xi-
aoxu。",
postId: 1
},
{
date: "April 9 2023",
title: "ChatGPT 的崛起:从 GPT-1 到 GPT-3,AIGC 时代即将到来",
postImg: "/images/post/post-3.png",
avatar: "/images/avatar/3.png",
content: "ChatGPT 也是 OpenAI 之前发布的 InstructGPT 的亲戚,ChatGPT 模型的训练是使用 RLHF( Re-
inforcement learning with human feedback),也许 ChatGPT 的到来,也是 OpenAI 的 GPT-4 正式推出之前的
序章。",
readingNum: 23,
collectionNum: 3,
commentNum: 0,
author: "阿尔法兔",
dateTime: "24 小时前",
detail: "Generative Pre-trained Transformer (GPT),是一种基于互联网可用数据训练的文本生成深度学习
```

模型。它用于问答、文本摘要生成、机器翻译、分类、代码生成和对话 AI。2018 年,GPT-1 诞生,这一年也是 NLP(自然语言处理)的预训练模型元年。性能方面,GPT-1 有着一定的泛化能力,能够用于和监督任务无关 的 NLP 任务中。其常用任务包括:自然语言推理:判断两个句子的关系(包含、矛盾、中立);问答与常识推 理:输入文章及若干答案,输出答案的准确率;语义相似度识别:判断两个句子语义是否相关;分类:判断输入 文本是指定的哪个类别;虽然 GPT-1 在未经调试的任务上有一些效果,但其泛化能力远低于经过微调的有监 督任务,因此 GPT-1 只能算得上一个还算不错的语言理解工具而非对话式 AI。GPT-2 也于 2019 年如期而 至,不过,GPT-2 并没有对原有的网络进行过多的结构创新与设计,只使用了更多的网络参数与更大的数据 集:最大模型共计 48 层,参数量达 15 亿,学习目标则使用无监督预训练模型做有监督任务。在性能方面,除 了理解能力外,GPT-2 在生成方面第一次表现出了强大的天赋:阅读摘要、聊天、续写、编故事,甚至生成假新 闻、钓鱼邮件或在网上进行角色扮演通通不在话下。在"变得更大"之后,GPT-2 的确展现出了普适而强大的 能力,并在多个特定的语言建模任务上实现了彼时的最佳性能。之后,GPT-3 出现了,作为一个无监督模型 (现在经常被称为自监督模型),几乎可以完成自然语言处理的绝大部分任务,例如面向问题的搜索、阅读理 解、语义推断、机器翻译、文章生成和自动问答等。而且,该模型在诸多任务上表现卓越,例如在法语-英语和 德语-英语机器翻译任务上达到当前最佳水平,自动产生的文章几乎让人无法辨别出自人还是机器(仅 52% 的正确率,与随机猜测相当),更令人惊讶的是,在两位数的加减运算任务上达到几乎 100% 的正确率,甚至还 可以依据任务描述自动生成代码。一个无监督模型功能多,效果好,似乎让人们看到了通用人工智能的希望,

可能这就是 GPT-3 影响如此之大的主要原因。",
　postId: 3,
　},
　{
　date: "February 22 2023",
　title: "2022 全球运动员收入第一名:力压梅西、C 罗、内马尔,吸金 8.7 亿元",
　postImg: "/images/post/post2.jpg",
　avatar: "/images/avatar/1.png",
　content: "美国体育商业媒体 Sportico 发布报告显示:迈克尔·乔丹以 33 亿美元(约合人民币 227 亿元)荣膺有史以来收入最高的运动员,紧随其后的是泰格·伍兹(25 亿美元)、阿诺德·帕尔默(17 亿美元)。",
　readingNum: 96,
　collectionNum: 7,
　commentNum: 4,
　author: "林白衣",
　dateTime: "24 小时前",
　detail: "排在榜单 6-10 位的分别是史蒂芬·库里(篮球)、凯文·杜兰特(篮球)、罗杰·费德勒(网球)、詹姆斯·哈登(篮球)、泰格·伍兹(高尔夫)。刚刚度过 35 岁生日的库里,尽管饱受伤病困扰,依旧交出场均 30.1 分 6.2 篮板 6.3 助攻 1.6 抢断的成绩。所在的金州勇士队,目前以 36 胜 34 负的战绩排名西部第六。值得一提的是,凭借出色的战绩和运营,勇士打破了尼克斯和湖人 20 多年的垄断,以 70 亿美元的身价登顶福布斯 2022 年 NBA 球队价值榜。2021-2022 赛季,他们赢得了八年来的第四个总冠军,并创下 NBA 历史上最多的球队收入(扣除联盟的收入分成后为 7.65 亿美元)和最高的运营利润(2.06 亿美元)。除此之外,勇士队从球场赞助和广告中获得的收入高达 1.5 亿美元,是其他球队的两倍。在新的大通中心球馆(Chase Center)打完的第一个完整赛季,光是豪华座席收入就超过 2.5 亿美元,也是迄今为止联盟中最多的。",
　postId: 2
　},
　{
　date: "Jan 29 2017",
　title: "飞驰的人生",
　postImg: "/images/post/jumpfly.png",
　avatar: "/images/avatar/avatar-3.png",
　content: "《飞驰人生》应该是韩寒三部曲的第三部。从《后悔无期》到《乘风破浪》再到《飞驰人生》…",
　readingNum: 56,
　collectionNum: 6,
　commentNum: 0,
　author: "林白衣",
　dateTime: "24 小时前",
　detail: "《飞驰人生》应该是韩寒三部曲的第三部。从《后悔无期》到《乘风破浪》再到《飞驰人生》,故事是越讲越直白,也越来越贴近大众。关于理想、关于青春永远是韩寒作品的主题。也许生活确实像白开水,需要一些假设的梦想,即使大多数人都不曾为梦想努力过,但我们依然爱看其他人追梦,来给自己带来些许的慰藉。…",
　postId: 3
　},
　{
　date: "Sep 22 2016",
　title: "换个角度,再来看看微信小程序的开发与发展",
　postImg: "/images/post/post-2.jpg",
　avatar: "/images/avatar/avatar-2.png",
　content: "前段时间看完了雨果奖中短篇获奖小说《北京折叠》。很有意思的是,张小龙最近也要把应用折叠到微信里,这些应用被他称为:小程序…",
　readingNum: 0,

```
    collectionNum: 0,
    commentNum: 0,
    author: "林白衣",
    dateTime: "24 小时前",
    detail: "我们先举个例子来直观感受下小程序和 App 有什么不同。大家都用过支付宝,在其内部包含着
很多小的服务:手机充值、城市服务、生活缴费、信用卡还款、加油服务,吧啦吧啦一大堆服务。这些细小的、
功能单一的服务放在支付宝这个超级 App 里,你并不觉得有什么问题,而且用起来也很方便。那如果这些小
的应用都单独拿出来,成为一个独立的 App",
    postId: 4
    },
    {
    date: "Jan 29 2017",
    title: "2017 微信公开课 Pro",
    postImg: "/images/post/post-3.jpg",
    avatar: "/images/avatar/avatar-4.png",
    content: "在今天举行的 2017 微信公开课 Pro 版上,微信事业群总裁张小龙宣布,微信"小程序"将于 1
月 9 日正式上线。",
    readingNum: 32,
    collectionNum: 2,
    commentNum: 0,
    author: "林白衣",
    dateTime: "24 小时前",
    detail: "在今天举行的 2017 微信公开课 Pro 版上,微信宣布,微信"小程序"将于 1 月 9 日正式上线,公布
了几乎完整的小程序生态模式:微信里没有小程序入口、没有应用市场,分发模式几乎沿用公众号的模式,去
中心化,限制搜索的能力,大多数小程序不能支持模糊搜索,必须输入完整的小程序名称...",
    postId: 5
    }
    ];

//模拟文章页面中轮播数据
var bannerListData = [' /images/post/post-1.png' ,' /images/post/post-2.png' ,' /images/post/post-3.png' ];
```

2. 向外导出模块中文章列表数据和文章轮播数据

目前已经实现数据分离,并且把此内容作为小程序应用的一个模块重复调用。接下来可以使用 JS 中的 module.exports 语法向外暴露这个模块作为一个接口,这样小程序应用其他模块直接调用此模块。接下来只需要在 data.js 文件的最下部添加如下代码即可。

```
//向外导出模块中文章列表数据和文章轮播数据
module.exports = {
  postList:postListData,
  bannerList:bannerListData
}
```

3. 使用模块化编程导入 postList 模块加载数据

定义好模块后,接下来就可以在其他的 JS 文件中引用这个模块。按照之前的逻辑,需要在 posts. js 中调用,因此,需要在 posts. js 中引入 data. js 模块,代码示例如下:

```
//使用模块化编程导入 postList 模块加载数据
var postData = require("../../data/data");
```

4. 通过模块调用数据

和之前的数据绑定的方法一样，使用 this. setData 方法进行数据绑定，代码示例如下：

```
/**
*页面的初始数据
*/
data: {
    //轮播图(模拟服务器端获得数据)
    bannerList: [],
    //文章列表
    postList: []
},

/**
*生命周期函数--监听页面加载
*/
onLoad(options) {
    //绑定数据
    this.setData({
        postList:postData.postList,
        bannerList:postData.bannerList
    })
}
```

在这里需要注意的是，使用 require（path）将模块导入 posts. js 中，并将模块对象赋给 postData，如果需要获取模块对应变量的值，需要调用对应的属性，例如使用 postData. postList 语句来获取文章列表数据。这样的设计，在某一个模块中可能需要很多数据，作为一个 object 属性，可以定义其他的数据内容，比如这里就同时导出了文章列表 postList 数据和轮播图列表 bannerList 数据。

保存代码，运行测试，运行效果与之前一样，表示业务数据（模拟数据）和业务处理逻辑成功分离，尽管在功能上没有变化，但这样更加符合实际开发场景。

3.2 使用小程序的模板完成文章列表优化

3.2.1 任务描述

3.2.1.1 任务需求

在微信小程序中，WXML 提供了一种模板支持，即可以把需要重复显示的内容定义到一个模板片段，然后在不同的地方调用，本任务主要使用微信小程序的模板技术来完成文章页面中文章列表的显示。

3.2.1.2 效果预览

本任务主要对文章页面中的文章列表显示进行优化，显示效果与之前一致。

3.2.2 知识学习

微信小程序模板的基本概念

在文章页面中，文章列表显示是比较常用的功能，如果在项目的其他页面中也要使用这样的功能，该如何解决？一种方法是复制一份，这当然不是很好的选择。在小程序开发中，"模板"技术可以实现重复使用。

3.2.3 任务实施

完成使用模板完成文章列表优化

通过使用微信小程序的模板完成对文章页面列表的修改，其主要实现步骤如下：

1. 创建模板文件

在/pages/posts下新建目录post-item，作为模板文件目录。接着在该目录下新建2个文件：post-item-tpl. wxml和post-item-tpl. wxss，分别保存模板的元素和样式，这里使用tpl结尾只是一种建议和习惯，并不是强制要求。开发者可以自订定义模板名称。创建好的目录结构如图3-3所示。

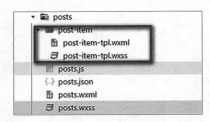

图3-3 创建好的目录结构

2. 在模板文件中添加模板内容

为了简化posts. wxml中文章的开发，可以让文章成为一个单独的"组件"（但不是真的微信小程序组件，只是模板），以供其他地方使用，分别把原posts. wxml文件中的部分代码复制出来。现将posts. wxml中\<block\>标签中关于文章的代码剪切到post-item-tpl. wxml中，其代码示例如下：

```
<!--文章列表每一项文章模板-->
<template name="postItemTpl">
 <view class="post-container">
   <view class="post-author-date">
     <image src="{{post.avatar}}" />
     <text>{{post.date}}</text>
   </view>
   <text class="post-title">{{post.title}}</text>
   <image class="post-image" src="{{post.postImg}}" mode="aspectFill"/>
   <text class="post-content">{{post.content}}</text>
   <view class="post-like">
    <image src="/images/icon/wx_app_collected.png" />
    <text>{{post.collectionNum}}</text>
    <image src="/images/icon/wx_app_view.png" />
    <text>{{post.readingNum}}</text>
    <image src="/images/icon/wx_app_message.png" />
    <text>{{post.commentNum}}</text>
   </view>
  </view>
</template>
```

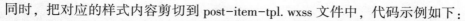

同时，把对应的样式内容剪切到 post-item-tpl. wxss 文件中，代码示例如下：

```
/*设置文章列表样式 */
.post-container{
 flex-direction:column;
 display:flex;
 margin:20rpx 0 40rpx;
 background-color:#fff;
 border-bottom: 1px solid #ededed;
 border-top: 1px solid #ededed;
 padding-bottom: 5px;
}

.post-author-date{
 margin: 10rpx 0 20rpx 10px;
 display:flex;
 flex-direction: row;
 align-items: center;
}

.post-author-date image{
 width:60rpx;
 height:60rpx;
}
.post-author-date text{
 margin-left: 20px;
}

.post-image{
 width:100%;
 height:340rpx;
 margin-bottom: 15px;
}

.post-date{
 font-size:26rpx;
 margin-bottom: 10px;
}
.post-title{
 font-size:16px;
 font-weight: 600;
 color:#333;
 margin-bottom: 10px;
 margin-left: 10px;
}
.post-content{
 color:#666;
 font-size:26rpx;
 margin-bottom:20rpx;
 margin-left: 20rpx;
```

```
  letter-spacing:2rpx;
  line-height: 40rpx;
}
.post-like{
  display:flex;
  flex-direction: row;
  font-size:13px;
  line-height: 16px;
  margin-left: 10px;
  align-items: center;
}

.post-like image{
  height:16px;
  width:16px;
  margin-right: 8px;
}

.post-like text{
  margin-right: 20px;
}

text{
  font-size:24rpx;
  font-family:Microsoft YaHei;
  color: #666;
}
```

3. 使用模板

在元素页面中，需要通过模板的 name 属性引用 posts. wxml 文件和 posts. wxss 文件。首先需要在 posts. wxml 文件中导入模板，然后使用<template>标签进行使用。其代码示例如下：

```
<!--文章列表 -->
  <block wx:for="{{postList}}" wx:for- item="post"  wx:for- index="idx" wx:key="postId">
    <template is="postItemTpl" data="{{post}}"></template>
  </block>
```

通过<template>标签使用模板。需要注意的是，is 属性对应模板文件中模板定义的 name 属性。data 属性的作用是把文章循环中的每一篇文章数据传到模板中使用，其和使用函数传入参数一样。

通过传入 data 参数，在模板中使用传入的 post 变量解析变量的内容，但模板使用固定的变量，显然这样"侵入式"的设计不是一个好的办法。为了解决这个问题，必须消除 template 对外部变量名的依赖，可以使用扩展运算符 "…" 来消除这个问题。将 posts. wxml 中使用模板的地方更改为：

```
<template is="postItemTpl" data="{{...post}}"></template>
```

同时去掉模板 post-item-tpl. wxml 文件中{{}}里所有对 post 变量的引用。其代码示例如下：

```
<!--文章模板 -->
<template name="postItemTpl">
 <view class="post-container">
  <view class="post-author-date">
   <image src="{{avatar}}" />
   <text>{{date}}</text>
  </view>
  <text class="post-title">{{title}}</text>
  <image class="post-image" src="{{postImg}}" mode="aspectFill" />
  <text class="post-content">{{content}}</text>
  <view class="post-like">
   <image src="/images/icon/wx_app_collect.png" />
   <text>{{collectionNum}}</text>
   <image src="/images/icon/wx_app_view.png"></image>
   <text>{{readingNum}}</text>
   <image src="/images/icon/wx_app_message.png"></image>
   <text>{{commentNum}}</text>
  </view>
 </view>
</template>
```

保存，自动编译，运行，文章列表可以正常显示出来。但页面的样式失效，需要在 posts. wxss 文件中导入模板的样式内容。其导入模板样式的代码示例如下：

```
<!--导入模板样式 -->
<import src="post-item/post-item-tpl"></import>
```

保存，自动编译，运行，页面的样式正常了。

3.3 完成微信小程序应用生命周期测试

3.3.1　任务描述

3.3.1.1　任务需求

在微信小程序的开发中，程序生命周期的应用贯穿项目开发整个生命周期，本任务完成微信小程序应用生命周期的测试，通过测试，深入理解微信小程序应用生命周期。

3.3.1.2　效果预览

本任务主要对微信小程序应用生命周期进行测试。

3.3.2　知识学习

从逻辑组成来说，一个小程序是由多个"页面"组成的"程序"。这里要区别一下"小程序"和"程序"的概念。"小程序"指的是产品层面的程序，而"程序"指的是代码层面的程序实例。一个小程序可以有很多页面，每个页面承载不同的功能，页面之间可以互相跳转。从代码来看，页面（Page）实例化 Page 实例，而应用程序（App）实例化 App 实例。

应用程序（App）实例化（文档中也叫作"注册"）时，与页面（Page）的实例化一样，需要传入一个 Object 对象参数，通过参数指定生命周期的回调函数。在 app. js 文件中使用 App（Object）来注册小程序，并在 Object 中指定小程序的生命周期函数。Object 参数有如下几个：

onLaunch(Object object)：监听小程序初始化，当小程序初始化完成后，会触发执行（全局只触发一次）。

onShow(Object object)：监听小程序显示，当小程序启动或从后台进入前台时，会触发执行。

onHide(Object object)：监听小程序隐藏，当小程序从前台进入后台时，会触发执行。

onError(String error)：监听小程序发生脚本错误或者 API 调用失败，会触发执行，并带上错误信息。

3.3.3 任务实施

完成应用生命周期测试

接下来通过案例来测试微信小程序的应用程序（App）的生命周期回调函数的执行情况。需要在 app. js 文件中编写测试代码，代码示例如下：

```
// app. js
App({
 /**
 *当小程序初始化完成时,会触发 onLaunch(全局只触发一次)
 */
 onLaunch: function () {
  console.log("App:onLaunch:当小程序初始化完成时");
 },

 /**
 *当小程序启动或从后台进入前台时,会触发 onShow
 */
 onShow: function (options) {
  console.log("App:onShow:当小程序启动或从后台进入前台时,会触发 onShow");
 },

 /**
 *当小程序从前台进入后台时,会触发 onHide
 /3*/
 onHide: function () {
  console.log("App:onHide:当小程序从前台进入后台时,会触发 onHide");
 },
```

```
/**
*当小程序发生脚本错误或者 API 调用失败时,会触发 onError 并带上错误信息
*/
onError: function (msg) {
   console.log("App:onError:当小程序发生脚本错误或者 API 调用失败时,会触发 onError 并带上错误信
息", msg);
   }
})
```

保存，自动编译，运行后，控制运行效果如图 3-4 所示。

图 3-4　应用程序生命周期函数回调控制台显示信息

从控制台打印出来的信息可以看到，小程序执行 App 注册成功，并执行 onLaunch 函数和 onShow 函数。单击模拟器的"Home"键，程序运行后，控制台信息如图 3-5 所示。

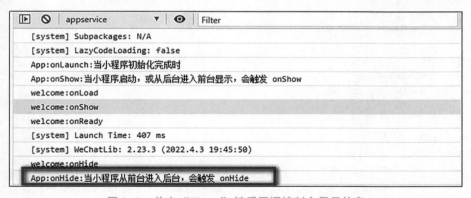

图 3-5　单击"Home"键后回调控制台显示信息

从控制台可以看到，onHide 回调函数被执行。接下来单击"发现栏小程序主入口"，小程序回到当前应用欢迎界面。控制台执行效果如图 3-6 所示。

从示例的测试可以很清楚地看到，应用程序级别（App）的生命周期与页面（Page）的生命周期很类似。基于应用程序的生命周期，只有当程序需要一个全应用级别的作用范围的变量时，才在 app.js 中进行处理。同时，与页面（Page）作用范围一致的变量在对应页面的 JS 文件中进行处理。

对应微信小程序的 App 实例可以使用 getApp( )方法获取，此方法可以在任何页面的 JS

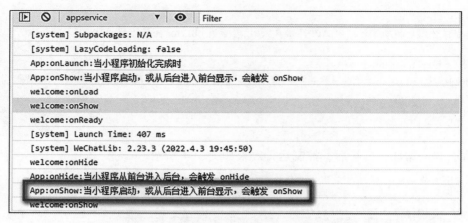

图 3-6　单击"发现栏小程序主入口"后控制台显示信息

文件中调用。接下来通过一个简单案例测试一下。在 app.js 中定义一个全局对象，代码示例如下：

```
App({
 globalData:{
   globalMessage : "I am global data",
 }
})
```

接下来需要在文章页面（posts.js 文件）的 onLoad 函数中获取全局变量的值，代码示例如下：

```
onLoad: function (options) {
 console.log("postData:",postData);
 //绑定数据
 this.setData({
   postList:postData.postList,
   bannerList:postData.bannerList
 });

 //获取应用级的全局变量
 var appInstance = getApp();
 console.log(appInstance.globalData);
},
```

加粗字体为新增添的代码，保存，自动编译后执行，控制输出效果如图 3-7 所示。

```
postData:  ▶ {postList: Array(5), bannerList: Array(3)}
          ▶ {globalMessage: "I am global data"}
posts:onShow
posts:onReady
```

图 3-7　获得全局变量控制信息

需要注意的是，如果在 app.js 中获得变量值，使用"this"即可访问此变量了，原因是 app.js 中使用 this 表示当前 App 实例。

3.4 使用缓存完成本地数据库模拟

3.4.1 任务描述

3.4.1.1 任务需求

本任务将使用微信小程序的本地缓存技术来存储文章页面数据。这里使用微信小程序关于本地缓存的 API 及 ES6 来重写缓存操作类。

3.4.1.2 效果预览

本任务主要针对本地存储数据处理逻辑进行优化，其显示效果和之前的一致。

3.4.2 知识学习

3.4.2.1 使用缓存的原因

在之前的小节中，使用 data.js 文件实现了数据分离，如果要修改数据，怎么办？修改后的数据还想共享给其他页面使用并长期保存，怎么办？

需要一个类似于本地服务器的数据库，可以读取、保存、更新这些数据，并且这些数据不会由于应用程序重启或者关闭而消失。

小程序提供了一个非常重要的特性——缓存，来支持这样的特性。本小节介绍微信小程序缓存的使用方法，并实现将 data.js 文件的数据保存到缓存中，以形成数据库的初始化数据，方便后面页面进行调用。

3.4.2.2 缓存 API 介绍

在微信小程序的 API 中，对数据的缓存有存储数据、读取数据、移出数据、清除数据四种方法，如图 3-8 所示。

每一类方法对应有同步和异步的实现方式。这里主要介绍同步的方法，其方法说明如下：

- wx.setStorageSync（string key, any data）将数据存储在本地缓存指定的 key 中。其会覆盖原来该 key 对应的内容。除非用户主动删除或由于存储空间原因而被系统清理，否则，数据一直可用。单个 key 允许存储的最大数据长度为 1 MB，所有数据存储上限为 10 MB。

数据缓存
wx.setStorageSync
• wx.setStorage
wx.revokeBufferURL
wx.removeStorageSync
wx.removeStorage
wx.getStorageSync
wx.getStorageInfoSync
wx.getStorageInfo
wx.getStorage
wx.createBufferURL
wx.clearStorageSync
wx.clearStorage

图 3-8 数据缓存 API

- wx.getStorageSync（string key）从本地缓存中同步获取指定 key 的内容。

- wx.removeStorageSync（string key）从本地缓存中移除指定 key。

- wx.clearStorage（Object object）清理本地数据缓存。

3.4.3 任务实施

3.4.3.1 使用 Storage 缓存本地数据库

data. js 的本地数据存储实现步骤如下。

（1）在应用初始化时，既在应用启动时，又在 app. js 中实现本地数据存储。

基于业务逻辑的分析，并结合应用程序的生命周期知识点和数据缓存的 API，首先在 app. js 中加入如下代码：

```javascript
var dataObj = require("data/data.js");

App({

globalData:{
  globalMessage : "I am global data",
},
/**
*当小程序初始化完成时,会触发 onLaunch(全局只触发一次)
*/
onLaunch: function () {
 console.log("App:onLaunch:当小程序初始化完成时");
 //保存本地数据
 wx.setStorageSync(' postList' , dataObj. postList);

},
})
```

加粗字体为新增添的代码，保存，编译程序，目前没有办法从运行界面查看是否执行成功。微信开发者工具为开发者提供了查看工具，可在"调试器" → "Storage" 控制面板中查看，如图 3-9 所示。

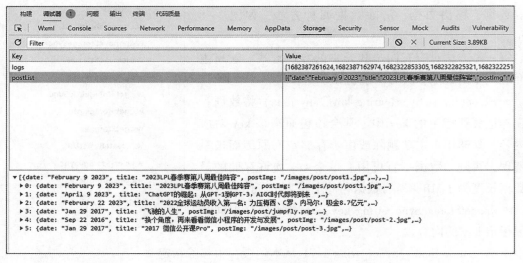

图 3-9　Storage 控制面板显示信息

　　上面的代码主要测试如何使用数据存储，但小程序每次启动时，都会执行一次 setStorage。实际上，如果不主动清除缓存，它会一直存在，因此没有必要每次启动小程序时都执行一次初始化数据库。仅当缓存不存在时执行一次即可。接下来对数据操作进行修改，每次初始化数据时判断有没有缓存数据，如果没有，执行初始化，否则，进行读取操作，并把数据保存到全局变量中，代码示例如下：

```
onLaunch: function () {
console.log("App:onLaunch:当小程序初始化完成时");
//保存本地数据
var storageData = wx.getStorageSync(' postList' );
if(! storageData){
 var dataObj = require("data/data.js");
 //清除缓存
 wx.clearStorageSync();
 //保存本地数据
 wx.setStorageSync(' postList' , dataObj.postList);
}else{
//保存全局变量中
 this.globalData.postList = storageData;
}
},
```

　　（2）完成本地缓存数据库，接下来在 posts. js 中通过全局变量读取，并进行数据渲染，代码示例如下：

```
//使用模块化编程导入 postList 模块加载数据
var postData = require("../../data/data");
var appInstance = getApp();

Page({
 /**
 *页面的初始数据
 */
 data: {

  //轮播图(模拟服务器端获得数据)
  bannerList: [],
  //文章列表
  postList: []
 },

 /**
 *生命周期函数--监听页面加载
 */
 onLoad: function (options) {
```

```
console.log("postData:",postData);

//绑定数据
this.setData({
  postList:appInstance.globalData.postList,
  bannerList:postData.bannerList
});
}
})
```

保存代码，自动编译，运行效果与之前的一样。相对之前直接读取 data.js 数据，文章列表中的数据通过缓存数据库进行读取，并通过全局变量在 posts.js 中获得。

目前已经初步完成使用缓存模拟服务器数据库的操作。

3.4.3.2 使用 ES6 重写缓存操作类

基于上面的内容，已经基本掌握小程序中缓存的基本使用方法，接下来使用模块化的思路对数据库操作进一步进行封装，把关于文章相关的数据库操作封装到一个对象，方便调用与后期的维护。这里使用 ES6 的新特性 Class、Module 来改写缓存操作类。首先定义保存数据库操作对象目录，命名为 dao，然后在对应目录中创建文件 PostDao.js，表示为"文章"相关数据库操作类。代码示例如下：

```
//文章数据库操作对象
class PostDao{
  constructor(url){
    this.storageKeyName = 'postList';

  }

  //获得全部文章列表
  getAllPostData(){
    let res = wx.getStorageSync(this.storageKeyName);
    //如果缓存数据为空,初始化缓存数据
    if(! res){
      res = require("../data/data.js").postList;
      wx.setStorageSync(this.storageKeyName, res);
    }
    return res;
  }
  //获得文章页面轮播图列表
  getAllPostBannerListData(){
    let res = require("../data/data.js").bannerList;
    return res;
  }
}
//通过 ES6 语法导出模块
export {PostDao}
```

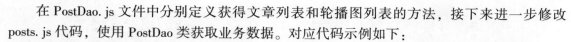

在 PostDao. js 文件中分别定义获得文章列表和轮播图列表的方法，接下来进一步修改 posts. js 代码，使用 PostDao 类获取业务数据。对应代码示例如下：

```
/**
*生命周期函数--监听页面加载
 */
onLoad: function (options) {

    //创建文章操作对象 PostDao
    let postDao = new PostDao();
    //获得文章列表数据
    let postList = postDao.getAllPostData();
    //获得轮播列表数据
    let bannerList = postDao.getAllPostBannerListData();

    //绑定数据
    this.setData({
      postList:postList,
      bannerList:bannerList
    });
}
```

需要注意的是，在 posts. js 中使用的 PostDao 类要通过 ES6 的模块导入，代码示例如下：

```
//导入 PostDao 模块
import {PostDao} from ' ../../dao/PostDao' ;
```

保存代码，自动编译，运行效果与之前的一样，表示任务顺利完成。

3.5　完成用户登录授权功能

3.5.1　任务描述

3.5.1.1　任务需求

在实际的小程序应用中，用户登录授权是一个常用且重要的功能模块，接下来通过对欢迎页面进行升级，使之实现登录授权功能。在之前的欢迎页面中，关于用户图片和姓名相关信息的显示使用固定的信息来处理，修改升级后，进入欢迎页面后，需要用户授权登录后，才能显示当前微信用户的相关信息。本任务将使用微信提供的相关 API 实现用户登录授权功能。

3.5.1.2　效果预览

完成本任务后，进入欢迎页面，用户未授权欢迎页面如图 3-10 所示。

单击"用户登录授权"按钮进行授权后，切换至如图 3-11 所示页面。

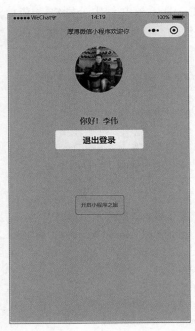

图 3-10　用户未授权欢迎页面　　　　图 3-11　用户授权成功的欢迎页面

3.5.2　知识学习

用户授权需求分析与 API 介绍

在实际的小程序应用中，用户登录授权是一个常用且重要的功能模块，接下来通过对欢迎页面进行升级，使之实现登录授权功能。在之前的欢迎页面中，关于用户图片和姓名相关信息的显示使用固定的信息来处理，修改升级后，进入欢迎页面后，需要用户授权登录后，才能显示当前微信用户相关信息。本小节将使用微信提供的相关 API 实现用户登录授权功能。

在实现用户授权功能之前，首先需要了解在微信小程序中实现用户登录授权功能所调用的 API，其常用的 API 有两个：wx. getUserInfo（Object object）和 wx. getUserProfile（Object object），这两个方法都是获取用户信息，后者是前者的替代方法，因此，重点介绍 wx. getUserProfile（Object object）的使用方法。此方法的具体功能为获取用户信息。页面产生单击事件后才可调用，每次请求都会弹出授权窗口，用户同意后，返回 userInfo。该接口用于替换 wx. getUserInfo。对应 Object 参数说明见表 3-1。

表 3-1　Object 参数说明

属性	类型	默认值	是否必须	说明
lang	string	en	否	显示用户信息的语言
desc	string		是	声明获取用户个人信息的用途，不超过 30 个字符

续表

属性	类型	默认值	是否必须	说明
success	funtion		否	接口调用成功的回调函数
fail	funtion		否	接口调用失败的回调函数
complete	funtion		否	接口调用结束的回调函数（调用成功、失败都会执行）

详细内容可以参考官方文档（地址为 https：//developers. weixin. qq. com/miniprogram/dev/api/open-api/user-info/wx. getUserProfile. html）。

需要特别注意的是，微信官方对于获取用户信息的 API 在 2022 年 5 月 9 日做了比较大的调整（详细内容可以参考官方用户信息接口调整说明，链接地址为 https：//developers. weixin. qq. com/community/develop/doc/00022c683e8a80b29bed2142b56c01）。

3.5.3　任务实施

用户登录授权逻辑分析如下：

（1）在用户第一次进入欢迎页面，未授权的情况下，页面上仅有"用户登录授权"按钮。单击"用户登录授权"按钮处理用户登录授权逻辑。

（2）当用户已经登录授权，进入欢迎页面时，显示用户相关信息和"退出登录"按钮。单击"退出登录"按钮处理用户取消授权的逻辑。

基于整体业务逻辑的分析，具体完成步骤如下：

①修改欢迎页面元素内容（welcome. wxml 文件），使之满足用户登录授权的显示逻辑。代码示例如下：

```
<view class="container">
  <!--用户信息 -->
  <view class="userinfo">
    <block wx:if="{{! userInfo}}">
      <button bindtap="login">用户登录授权</button>
    </block>
    <block wx:else>
      <image bindtap="bindViewTap" class="userinfo-avatar" src="{{userInfo.avatarUrl}}" mode="cover"></image>
      <text class="motto">你好！{{userInfo. nickName}}</text>
      <button bindtap="loginOut">退出登录</button>
      <view catchtap="goToPostPage" class="journey-container">
        <text class="journey">开启小程序之旅</text>
      </view>
    </block>
  </view>
</view>
```

需要注意的是，在页面代码中使用 wx:if 与 wx:else 来判断页面元素显示逻辑，这里不该对内容进行详细介绍，其具体使用可以参考官方文档（文档地址为 https://developers.weixin.qq.com/miniprogram/dev/reference/wxml/conditional.html）。

②完成用户登录授权和退出登录业务逻辑，在 welcome.js 文件中添加对应处理逻辑。代码示例如下：

```
//用户登录授权
login() {
 console.log('用户单击登录授权');
 wx.getUserProfile({
   desc: '用于完善会员资料',
   success: res => {
    let userInfo = res.userInfo;
    //登录授权成功,保存用户信息到缓存
    wx.setStorageSync('userInfo', userInfo)

    this.setData({
      userInfo: userInfo
    });
   }
 })
},

//用户退出登录
loginOut() {

 this.setData({
   userInfo: ''
 });
 //清除缓存中用户信息
 wx.removeStorageSync('userInfo');
},
```

在用户登录授权的代码中，调用了 wx.getUserPorfile 方法。需要强调的是，Object 参数中的"desc"参数是一个必需的参数，主要作用是描述用户授权信息。在object.success 回调函数中，可以通过 userInfo 属性获得用户信息。在用户登录授权后，需要对用户信息进行缓存数据保存。最后进行数据绑定，并重新渲染页面。用户退出登录的处理逻辑很简单，只需要把 userInfo 绑定为空（''），同时移除对应的缓存信息。保存代码，自动编译后运行。当用户未进行授权登录时，进入欢迎页面后，运行效果与图 3-10 一致。

当用户单击"用户登录授权"按钮时，系统会弹出用户授权提醒，如图 3-12 所示。

单击"拒绝"按钮，授权失败。如果单击"允许"按钮，代码执行 success 回调函数进行处理，页面重新渲染，运行效果与图 3-11 一致。

如果用户单击"退出登录"按钮，代码执行 loginOut 函数进行处理，页面回到未授权状态。

为了演示的方便，除了使用 wx.clearStorageSync() 代码清除缓存之外，在模拟器中还

图 3-12　用户授权提醒

可以通过微信开发者工具进行清除。单击"编译"右侧的"清缓存"按钮，可以弹出关于清除缓存的操作选项，如图 3-13 所示。

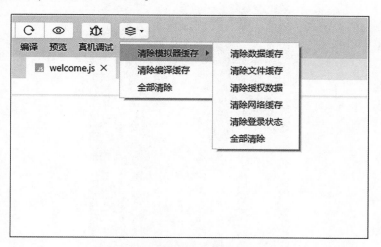

图 3-13　清除缓存的操作选项

　　单击"全部清除"选项就可以清除模拟器中所有的缓存和登录授权，也可以单击"清除登录状态"选项清除用户授权状态。

　　到目前为止，基本完成了用户登录授权功能，需要注意的是，由于微信官方对应获取用户信息的 API 的调整（上面已经提到），基础库 2.27.1 及以上的版本不再支持获取用户头像昵称。接下来选择新的基础库进行测试，具体操作为：选择微信小程序工具中的"设置"菜单，选择"本地设置"，把原有的 2.19.2 版本替换为 2.31.0 版本，如图 3-14 所示。

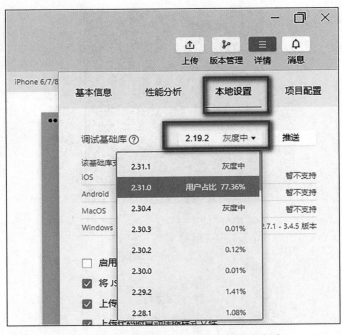

图 3-14　选择微信小程序新的基础库版本

重新运行，单击"用户授权"按钮，运行结果如图 3-15 所示。

图 3-15　新版本的基础库运行效果

至此，完成了用户登录授权的全部功能。

- 掌握小程序模块的使用。
- 掌握小程序中模板的使用。
- 理解小程序的应用程序的生命周期。
- 掌握小程序本地缓存 API 的使用，并实现本地数据模拟。
- 掌握小程序获取用户 API 的使用，并实现用登录首选功能。

1. 微信小程序框架中，用来定义模板的是（   ）。

A. <view>　　　　　B. <template>　　　　　C. <block>　　　　　D. <include>

2. 下列选项中，不属于 App 生命周期函数的是（   ）。

A. onLaunch　　　　B. onLoad　　　　　C. onUnload　　　　D. onHide

3. 下列关于小程序 App 生命周期的说法，错误是（   ）。

A. onLaunch（Object object）监听小程序初始化，当小程序初始化完成后，会触发执行

B. 在 app. js 中使用"this"表示 Windows 对象

C. 可以使用 getApp 方法获得注册的 App 实例

D. 从逻辑来讲，一个"小程序"由多个"页面"组成

4. 下列关于小程序数据缓存 API 的说法，错误的是（   ）。

A. wx. setStorage 异步保存数据缓存

B. wx. getStorageInfoSync 同步获取当前 storage 的相关信息

C. wx. getStorage 从本地缓存中异步获取指定 key 的内容

D. 异步方式需要执行 try…catch 捕获异常来获取错误信息

5. 下列选项中，不属于用户信息属性的是（   ）。

A. nickName　　　　B. avatarUrl　　　　C. sex　　　　　D. language

上机目标

- 理解数据业务分离与模块化的概念。
- 掌握小程序模板的使用方法。
- 掌握小程序本地缓存 API 的使用。
- 掌握小程序获取用户信息的使用。

上机练习

◆第一阶段◆

练习 1：如图 3-16 所示，完成小米商场商品列表显示模块功能，具体功能要求如下。

图 3-16 微信小米商城首页效果图

【问题描述】

（1）完成项目代码模块化，主要实现对商品数据操作进行封装。

（2）使用小程序的模板完成商品列表的优化。

【问题分析】

根据上面的问题描述，对商品模块功能优化主要有两个功能实现：第一是把商品数据进行业务分离，第二是把每一个商品信息做成模板，然后通过模板把不同商品数据导入商品列表中。

【参考步骤】

（1）打开微信开发者工具，选择"项目"菜单，然后选择"导入项目"，导入单元二小米商城案例。

（2）创建 data 目录，在 data 目录中创建 data.js 文件，然后把商品数据保存到 data.js 文件中，代码示例如下：

```
//定义商品列表
var goodList = [{
    gid: "1",
    image: "/images/good01.jpg",
    title: "小米路由器",
    attr: "6000 兆无线速度",
    price: "599"
```

```
    },
    {
      gid: "2",
      image: "/images/good02.jpg",
      title: "米家增压蒸汽挂烫机",
      attr: "轻松深层除皱,熨出专业效果",
      price: "529"
    },
    {
      gid: "3",
      image: "/images/good03.jpg",
      title: "小爱触屏音箱",
      attr: "好听,更好看",
      price: "249"
    },
    {
      gid: "4",
      image: "/images/good04.jpg",
      title: "米家智能蒸烤箱",
      attr: "30L 大容积，蒸烤烘炸炖一机多用",
      price: "1499"
    },
    {
      gid: "5",
      image: "/images/good05.jpg",
      title: "触屏音箱 Pro",
      attr: "大屏不插电,小爱随身伴",
      price: "599"
    },
    {
      gid: "6",
      image: "/images/good06.jpg",
      title: "米家互联网洗碗机 8 套嵌入式",
      attr: "洗烘一体,除菌率高达 99.99%",
      price: "2299"
    },
];

//导出商品列表数据
module.exports = {
  goodList:goodList
}
```

（3）创建 dao 目录，在新目录中新建 GoodDao. js 文件，使用 ES6 的语法封装商品信息，代码示例如下：

```
//商品数据操作对象
class GoodDao{
    constructor(key){
```

```
          this.storageKeyName = ' goodList' ;
      }
      //初始化商品数据
      exeCuteInitGoodData(){

          let goodList = wx.getStorageSync(this.storageKeyName);
          if(!goodList){
              //加载数据模块
              let dataModel = require("../data/data");
              //清除数据
              wx.clearStorageSync();
              //获得商品列表数据
              let goodListData = dataModel.goodList;
              //保存数据到缓存中
              wx.setStorageSync(this.storageKeyName, goodListData);
          }
      }


      //获得商品列表
      getGoodListData(){
        let goodList = wx.getStorageSync(this.storageKeyName);
        return goodList;
      }
  }
  export {GoodDao}
```

（4）在页面对应逻辑处理文件 index. js 中，添加显示商品信息的代码内容，代码示例如下：

```
import {
  GoodDao
} from '../../dao/GoodDao';
Page({

  /**
  *页面的初始数据
  */
  data: {

    //轮播信息
    bannerData: {

      listImage: ["../../images/01.jpg", "../../images/02.jpg", "../../images/03.jpg", "../../images/04.jpg", "../../images/05.jpg"],
```

```
    indicatordots: true,
    indicatorolor: "rgba(255,255,255,0.3)",
    indicatoractivecolor: "#edfdff",
    autoplay: true,
    interval: "5000",
    circular: true,
  },

  //商品列表
  goodList: []

  },

/**
*生命周期函数--监听页面加载
*/
onLoad: function (options) {

  let goodDao = new GoodDao( ) ;
  let goodList = goodDao.getGoodListData( ) ;
  this.setData({
    goodList
  })
  },
```

请注意，加粗代码为新添加的代码。保存代码，进行测试运行效果，如图 3-14 所示。

（5）在 good 目录下创建 good-item 目录，在此目录中创建商品模板的文件 good-item-tpl. wxml 和 good-item-tpl. wxss，如图 3-17 所示。

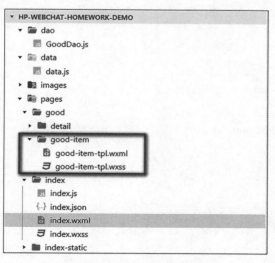

图 3-17　创建商品模板目录

对应模板文件代码示例如下。

模板骨架文件 good-item-tpl. wxml 代码：

```
<template name="goodItemTpl">
  <view class="good" bind:tap="goToGoodDetail">
      <image class="good-img" src="{{image}}"></image>
      <view class="good-info">
       <text class="info-title">{{title}}</text>
       <text class="info-attr">{{attr}}</text>
       <view class="info-price"><text>{{price}}</text></view>
      </view>
  </view>
</template>
```

模板样式文件 good-item-tpl. wxss 代码：

```
/*商品列表样式 */
.good-list{
 background-color: #fffdff;
 display: flex;
 flex-direction: row;
 flex-wrap: wrap;
 justify-content:space-between;
 margin-top: 16rpx;
 padding: 0 12rpx ;

}

.good{
 width: 228rpx;
 display: flex;
 flex-direction:column;
 align-items: center;
 padding-bottom: 60rpx;
}

.good-img{

 width: 228rpx;
 height: 228rpx;
 border-radius: 10rpx 10rpx 0rpx 0rpx;
}

.good-info{

 display:flex;
 flex-direction: column;
 align-items: center;
 width: 288rpx;
 margin-top: 24rpx;
}

.good-info text{
```

```
        margin-bottom: 14rpx;
    }

    .info-title{
        width: 210rpx;
        height: 30rpx;
        line-height: 30rpx;
        font-weight: bold;
        color: #3c3c3c;
        white-space:nowrap;
        overflow: hidden;
        text-overflow: ellipsis;
    }

    .info-price text::before{
        content: '¥';
    }

    .info-attr{

        width: 210rpx;
        height: 30rpx;
        line-height: 30rpx;
        color: #3c3c3c;
        white-space:nowrap;
        font-size: 28rpx;
        overflow: hidden;
        text-overflow: ellipsis;
    }
    .info-price{

        color:#ff4a48;
        font-weight: 700;

    }
```

（6）修改 index. wxml 代码，加入导入模板和引用模板代码，示例如下：

```
    <!--导入商品模板-->
    <import src="./good/good-item/good-item-tpl"></import>
    <!--商品模板引用-->
    <view class="good-list">
        <block wx:for="{{goodList}}" wx:for-item="good" wx:key="gid">
        <template is="goodItemTpl" data="{{...good}}"></template>
        </block>
    </view>
```

保存代码，进行测试运行，效果如图 3-14 所示，表示任务完成。

◆第二阶段◆

练习 2：基于练习 1 的小米商城案例，完成个人中心页面授权功能，具体功能描述如下。

【问题描述】

根据上文描述，即用户单击首页商品列表中任意一张商品图片，查看商品详情信息，如果用户已经授权，登录页面跳转到详情页面；如果未进行用户授权，跳转到个人中心页面进行页面授权操作，如图 3-18 所示。

【问题分析】

根据问题描述，需要在处理跳转详情页面的方法中进行用户授权判断，如果未授权，跳转到个人中心未授权的页面进行授权。

图 3-18　个人中心页面未授权效果

单元四

文章详情页面功能

课程目标

知识目标

❖ 完成文章详情页面基础功能

❖ 完成文章详情页面收藏功能

❖ 完成文章详情页面点赞功能

❖ 完成文章评论功能

技能目标

❖ 掌握页面参数的传递技巧和动态设置标题

❖ 掌握微信小程序交互反馈组件的使用和动画效果的 API 的使用

❖ 掌握微信小程序中图片预览、录音、拍照及播放录音相关 API 的使用

素质目标

❖ 具有良好的对应系统排错能力

❖ 培养对业务模型的分析与设计能力

❖ 养成精益求精、追求卓越的职业品质

简 介

在上一单元完成了文章的列表页面，本单元主要完成文章详情页面的开发工作，主要实现内容包含详情页面基本的功能实现、文章的收藏与点赞功能实现、文章的评论功能的实现。

在完成详情页面的基本功能实现后，将学习到不同页面的传递技巧和动态设置导航标题的知识点；在完成文章手册与点赞功能后，将学习到微信交互反馈的 API 的使用和小程序如何使用动画的知识点；在实现文章的评论功能后，将学习到微信小程序关于图片预览、拍照、语音录制与部分相关的 API 的使用。

4.1　完成文章详情页面基础功能

4.1.1　任务描述

4.1.1.1　任务需求

完成文章列表功能模块化升级后，本任务将完成从文章列表页面进入文章详情页面的基础功能。在本任务中，除了对原有基础知识进行应用外，还应用到页面之间的数据传递和页面动态标题的使用。

4.1.1.2　效果预览

完成本任务后，在文章页面单击文章列表的标题，即可进入对应文章详情页面，效果如图4-1所示。

4.1.2　任务实施

完成项目的欢迎页面和文章页面整体功能与程序模块化的升级后，本小节将介绍从文章页面单击文章图片或标题跳转到对应文章的详情页面的功能。

在完成文章详情页面的功能实现中，除了完成文章详情页面的元素和样式的显示功能外，主要的工作是实现在跳转过程中进行页面之间的数据传递，同时，在文章详情页面需要实现动态标题的显示。接下来通过示例介绍具体的实现步骤。

1. 创建文章详情页面并实现静态骨架与样式

在 pages 目录下创建一个名为 post-detail 的目录，并在此目录中新建页面，微信开发者工具自动生成 4 个页面文件。在 post-detail. wxml 文件中添加文章详情页面元素内容，代码示例如下：

图 4-1　文章详情页面显示效果

```
<!--pages/post-detail/post-detail. wxml-->
<!-- 文章详情页面 -->
<view class="container">
<!--文章头部信息和详情内容 -->
<view class="post-head">
  <image class="head-image" src="/images/post/post1.jpg"></image>
  <text class="title">2023LPL 春季赛第八周最佳阵容</text>
  <view class="author-date">
    <view class="author-box">
      <image class="avatar" src="/images/avatar/2.png"></image>
      <text class="author">爱微笑的程序猿</text>
    </view>
    <text class="date">24 小时前</text>
  </view>
  <!--文章详情内容-->
  <text class="detail">2023LPL 春季赛第八周最佳阵容:上单——EDG.Ale、打野——EDG.Jiejie、中
单——LNG.Scout、ADC——WE.Hope、辅助——RNG.Ming。第八周 MVP 选手——EDG.Jiejie,第八周最佳新
秀——LGD.Xiaoxu。</text>
</view>

<!--文章点赞、评论、收藏信息-->
<view class="tool">
  <view class="tool-item" catchtap="onUpTap">
```

```
  <image src="/images/icon/wx_app_like.png" />
  <text>{{post.upNum}}</text>
</view>
<view class="tool-item comment" data-post-id="{{post.postId}}" catchtap="onCommentTap">
  <image src="/images/icon/wx_app_message.png"></image>
  <text>{{post.commentNum}}</text>
</view>
<view class="tool-item" catchtap="onCollectionTap">
  <image src="/images/icon/wx_app_collect.png" />
  <text>{{post.collectionNum}}</text>
</view>
</view>
</view>
```

这个页面样式是错乱的，在 post-detail. wxss 文件中加入样式，代码示例如下：

```
.container {
  display: flex;
  flex-direction: column;
}

/*文章头部样式 */
.post-head{
  display: flex;
  flex-direction: column;
}

/*文章图片样式 */
.head-image {
  width: 750rpx;
  height: 460rpx;
}

/*文章标题样式 */
.title {
  font-size: 20px;
  margin: 30rpx;
  letter-spacing: 2px;
  color: #4b556c;
}

/*文章作者与发布时间 */
.author-date {
  display: flex;
  flex-direction: row;
  margin-top: 22rpx;
  margin-left: 30rpx;
  align-items: center;
  justify-content: space-between;
  font-size:13px;
}
```

```
.author-box {
  display:flex;
  flex-direction: row;
  align-items: center;
}

.avatar {
  height: 50rpx;
  width: 50rpx;
}

.author {
  font-weight: 300;
  margin-left: 20rpx;
  color: #666;
}

.date {
  color: #919191;
  margin-right: 38rpx;
}

/*文章详情内容 */
.detail {
  color: #666;
  margin: 40rpx 22rpx 0;
  line-height: 44rpx;
  letter-spacing: 1px;
  font-size:14px;
}

/*点赞和评论*/
.tool{
  height: 64rpx;
  margin: 20rpx 28rpx 20rpx 0;
  display: flex;
  justify-content: center;
}
.tool-item{
  align-items: center;
  margin-right: 30rpx;
  display: flex;
}

.tool-item:last-child{
  margin-right: 0rpx;
}

.tool-item image{
  height: 30rpx;
  width:30rpx;
  margin-right: 10rpx;
}
```

保存代码，自动编译，文章详情页面显示效果如图 4-2 所示。

在不设置页面的位置，编译后显示的是默认的欢迎页面。除了在 app. json 中进行配置之外，微信开发者工具也提供了一个类似的工具。单击"编译"按钮左侧的 `pages/post-detail/po...▾`，在编译模式选项中选择"添加编译模式"，弹出如图 4-3 所示对话框。

图 4-2　文章详情页面显示效果

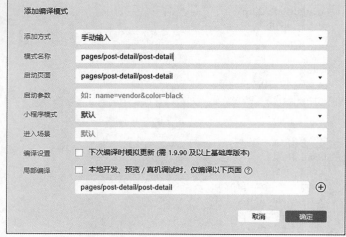

图 4-3　"添加编译模式"对话框

在"启动页面"中设置文章详情页面，"模式名称"也一样，设置完成后，单击"确定"按钮。这样，在这个页面开发阶段，修改代码查看效果，保存代码，自动编译后，启动页面模式为文章详情页面。

2. 实现从文章页面跳转到详情页面的动态数据绑定

在完成文章详情页面的内容后，需要在文章页面 post. wxml 文件中添加页面处理方法，代码示例如下：

```
<!--文章列表 -->
<block wx:for="{{postList}}" wx:for-item="post" wx:for-index="postId" wx:key=index">
  <view catchtap="goToDetail" id="{{post.postId}}" data-post-id="{{post.postId}}">
  <template is="postItemTpl" data="{{...post}}"></template>
  </view>
</block>
```

加粗代码为新添加的代码。需要注意的是，之前的文章列表是通过模板的方式实现的。template 标签仅仅是一个占位符，在编译后，template 的模板内容替换，所以不能在 template 标签上绑定事件，解决的办法是在 template 标签外增加一个 view 标签，并将事件处理注册到 view 组件上。

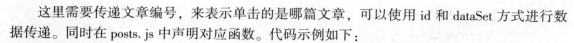

这里需要传递文章编号，来表示单击的是哪篇文章，可以使用 id 和 dataSet 方式进行数据传递。同时在 posts. js 中声明对应函数。代码示例如下：

```
//跳转到文章详情页面
goToDetail(event){
 console.log("goToDetail",event);
 let postId = event.currentTarget.id;
 wx.navigateTo({
  url: '../post- detail/post- detail? postId=' + postId,
 })
},
```

保存代码，自动编译，在文章页面中单击标题"2023LPL 春季赛第八周最佳阵容"，页面跳转到文章详情页面，查看控制信息，如图 4-4 所示。

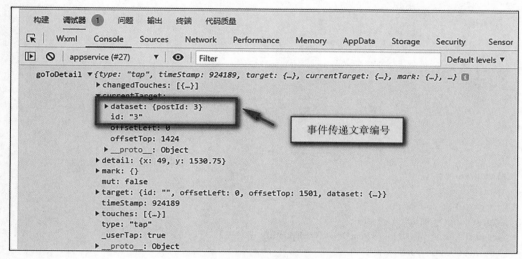

图 4-4 事件传递文章编号

如果通过 id 去获取编号值，可以使用 event. currentTarget. id；如果是通过 dataSet 方式，就要使用 event. currentTarget. dataset. postId。

跳转到文章详情页面，这里需要通过 url 的 query 参数进行传递，与 html 中 a 标签的实现一样。

在文章详情页面获取从文章页面传递的参数值——文章编号，首先需要在 PostDao. js 中添加一个根据编号获得文章对象的方法。代码示例如下：

```
//根据编号获得文章数据对象
getPostDetailById(postId) {
  let postListData = this. getAllPostData();
  let length = postListData. length;
  for (let i = 0; i < length; i++) {
    if (postListData[i]. postId == postId) {
      return {
```

```
        idx: i,
        data: postListData[i]
      }
    }
  }
}
```

然后在文章详情页面业务逻辑中调用获得文章数据对象的方法，并把获得的数据通过数据绑定在页面显示渲染。业务逻辑处理代码示例如下：

```
import {PostDao} from ' ../../dao/PostDao'
const postDao = new PostDao();
Page({

  /**
  *页面的初始数据
  */
  data: {
    //文章详情对象
    post:{}
  },

  /**
  *生命周期函数--监听页面加载
  */
  onLoad(options) {
    //获得文章编号
    let postId = options.postId;
    console.log("postId:" + postId);
    let postData = postDao.getPostDetailById(postId);
    console.log(' postData' ,postData)
    this.setData({
      post:postData.data
    })
  }
})
```

最后修改文章详情页面的数据绑定代码内容。在 post-detail. wxml 中修改代码，示例如下：

```
<!--pages/post-detail/post-detail. wxml-->
<!--文章详情页面 -->
<view class="container">
<!--文章头部信息和详情内容 -->
 <view class="post-head">
  <image class="head-image" src="{{post.postImg}}"></image>
  <text class="title">{{post.title}}</text>
  <view class="author-date">
   <view class="author-box">
    <image class="avatar" src="{{post.avatar}}"></image>
    <text class="author">{{post.author}}</text>
```

```
    </view>
    <text class="date">{{post.dateTime}}</text>
  </view>
  <!--文章详情内容-->
  <text class="detail">{{post.detail}}</text>
</view>

<!--文章点赞、评论、收藏信息-->
<view class="tool">
  <view class="tool-item" catchtap="onUpTap">
    <image src="/images/icon/wx_app_like.png" />
    <text>{{post.upNum}}</text>
  </view>
  <view class="tool-item comment" data-post-id="{{post.postId}}" catchtap="onCommentTap">
    <image src="/images/icon/wx_app_message.png"></image>
    <text>{{post.collectionNum}}</text>
  </view>
  <view class="tool-item" catchtap="onCollectionTap">
    <image src="/images/icon/wx_app_collect.png" />
    <text>{{post.collectionNum}}</text>
  </view>
</view>
</view>
```

保存代码，自动编译，运行。在文章列表中单击标题为"飞驰的人生"的文章，跳转到文章详情页面，数据也加载正确，如图4-1所示。

由图4-4可以看到，当从文章列表页面进入电影明细页面的时候，页面标题显示内容为"Weixin"。在微信小程序开发中，导航栏的标题有两种配置方法：第一种是通过配置文件的方式，可以在对应的页面配置文件如 post-detail. json 中配置当前页面导航标题；第二种是在全局配置文件 app. json 中进行配置。这里页面标题显示"Weixin"是在 app.json 文件中配置相关内容导致的，其配置代码如下：

```
"window": {
  "backgroundTextStyle": "light",
  "navigationBarBackgroundColor": "#fff",
  "navigationBarTitleText": "Weixin",
  "navigationBarTextStyle": "black"
}
```

通过"navigationBarTitleText"属性进行配置。在上面的配置代码中，可以通过设置 navigationBarTitleText 属性对页面标题显示内容进行配置，除此之外，还可以通过 wx.setNavigationBarTitle（Object object）方法动态设置当前页面的导航标题显示内容。

按照需要，当前页面的标题为文章的标题，可以在 post.js 文件中通过重写页面的生命函数 onLoad 方法或者 onReady 方法来调用文章标题的逻辑，这里在 onRead 函数中调用，其代码示例如下：

```
/**
 *生命周期函数--监听页面初次渲染完成
 */
onReady: function () {
  //动态设置到货栏文字
  wx. setNavigationBarTitle({
    title: this. data. post. title,
  })
}
```

保存代码，重新运行，效果与图4-1一致。

以上完成了文章详情页面基础功能的全部内容。

4.2 完成文章收藏功能

4.2.1 任务描述

4.2.1.1 任务需求

在文章详情页面中，有对文章收藏、点赞、评论的功能，这些功能在内容型的应用中是常见的。在本任务中，首先实现文章的收藏功能。

文章的收藏需要记录两个变量值：

collectionStatus，记录文章是否收藏。

collectionNum，记录文章被收藏的数量。

在真实的项目中，这两个变量一定受到所有用户"取消"或"收藏"操作的影响，但这里使用本地缓存数据库，所以跟真实内容有所区别。对文章收藏功能业务逻辑进行分析，当用户单击文章下的"收藏"按钮时，对应的处理方法需要处理如下逻辑：

（1）根据当前文章编号在缓存中获取对应文章对象，并对文章的收藏状态变量（collectionStatus）和收藏数量（collectionNum）进行修改。

（2）对文章页面视图层的收藏状态和收藏数量进行重新渲染。

（3）完成文章收藏/取消收藏功能后，对用户进行交互反馈。

4.2.1.2 效果预览

完成本任务后，在文章的详情页面单击"收藏"按钮，弹出"收藏成功"提示，如图4-5所示。

4.2.2 任务实施

基于对文章收藏功能的需求分析，通过案例来演示如何实现文章页面中的文章收藏/取消收藏功能。其实现步骤如下。

1. 完成文章收藏逻辑处理

首先在 PostDao. js 中完成对文章收藏/取消收藏的逻辑处理，代码示例如下：

图 4-5　文章收藏成功

```
//收藏文章
collectPost(postId) {
  //获得需要处理的文章对象
  let postObj = this.getPostDetailById(postId);
  console.log("postObject 修改之前", postObj);
  let postData = postObj.data;
  if(!postData.collectionStatus) {
    //如果当前状态是未收藏
    postData.collectionNum++;
    postData.collectionStatus = true;
  } else {
    postData.collectionNum--;
    postData.collectionStatus = false;
  }
  postObj.data = postData;
  console.log("postObject 修改之后", postObj);
  //更新缓存数据
  this.updateStorage(postObj);
  return postData;
}
```

```
//更新缓存数据库
updateStorage(postObj) {
  let postAllListData = this.getAllPostData();
  postAllListData[postObj.idx] = postObj.data;
  //重新更新缓存数据
  wx.setStorageSync(this.storageKeyName, postAllListData);
}
```

如代码所示，在处理文章收藏的业务时，首先获得当前修改的文章对象，然后对文章的收藏状态和收藏数量进行修改。完成后，需要重新把修改的文章数据同步到缓存数据库中（如果在真实的开发中基于服务器进行开发，这里的处理主要是在服务器端完成）。最后返回当前修改后的文章对象。由于同步缓存本地数据库的内容在后面点赞与评论功能中使用，所以单独写在一个方法中。

2. 处理用户单击事件和数据绑定

在 post-detail.js 中处理用户单击事件和页面数据绑定，其代码示例如下：

```
// 文章收藏
onCollectionTap(event) {
 let newPostData = postDao.collectPost(this.data.post.postId);
 console.log("newPostData:", newPostData);
 //重新绑定更新部分的数据内容
 this.setData({
  'post.collectionNum' : newPostData.collectionNum,
  'post.collectionStatus' : newPostData.collectionStatus
 });
},
```

以上代码示例是用户单击事件处理代码。需要注意的是，在进行数据绑定时，仅仅更新部分数据内容即可，即 post 对象中的 collectionNum 属性和 collectionStatus 属性，不需要更新整体文章对象。

同时，需要在对应的页面文件 post-detail.wxml 中添加页面处理对象，代码示例如下：

```
<!--文章收藏-->
<view class="tool-item" catchtap="onCollectionTap">
 <image wx:if="{{post.collectionStatus}}" src="/images/icon/wx_app_collected.png"  />
 <image wx:else src="/images/icon/wx_app_collect.png" />
 <text>{{post.collectionNum}}</text>
</view>
```

3. 完成文章收藏/取消收藏功能的用户交互

目前已经完成了文章收藏与取消收藏的功能，但用户的操作体验并不好，用户需要在收藏和取消收藏后进行提示。

在微信小程序的界面交互的 API 中，提供了处理用户交互的相关问题，查看官方的 API 文档，如图 4-6 所示。

```
∨ 界面
    交互
        wx.showToast
        wx.showModal
        wx.showLoading
        wx.showActionSheet
        wx.hideToast
        wx.hideLoading
        wx.enableAlertBeforeUnload
        wx.disableAlertBeforeUnload
```

图 4-6   微信界面交互 API

这里选用 wx. showToast(Object) 来制定文章收藏功能的交互反馈，其具体使用代码如下：

```
//交互反馈
wx. showToast({
  title: newPostData. collectionStatus ? "收藏成功" : "取消成功",
  duration: 1000,
  icon: "success",
  mask: true
})
```

其中，Object 参数的 title 属性用于设置提醒消息的内容，为必填项；duration 属性设置提醒的自动消失时间，最长为 10 000 ms，默认值 1 500 ms；icon 属性设置一个小图标，取值有 success、error、loading、none 4 个；mask 属性设置是否显示透明蒙层，防止触摸穿透，主要作用是防止用户连续单击收藏图标。

wx. showToast 的运行效果如图 4-5 所示。

以上就是文章详情页面的收藏/取消收藏的全部功能实现步骤。

4.3   完成文章点赞功能

4.3.1   任务描述

4.3.1.1   任务需求

文章点赞功能的实现思路与文章的收藏非常相似，但是为了增加用户的交互体验感，在文章的点赞功能中实现动画效果。

文章的点赞功能主要记录两个变量：

- upStatus，记录文章是否点赞。
- upNum，记录文章点赞的次数。

和文章收藏一样，在实际项目中，这个变量也受不同用户的影响，但在这里基于本地缓存数据库，仅仅是一个模拟数据。基于对文章点赞的业务逻辑分析，当用户单击"点赞"

图标时，实现的关键逻辑如下。

（1）根据当前文章编号在缓存中获取对应文章对象，并对文章的点赞状态变量（upStatus）和收藏数量（upNum）进行修改。

（2）对文章页面视图层的点赞状态和点赞数量进行重新渲染。

（3）完成文章点赞/取消点赞功能后，对用户进行交互反馈。

接下来通过案例来演示如何一步步实现文章页面中的点赞/取消点赞功能。

4.3.1.2 效果预览

完成本任务后，在文章的详情页面单击"点赞"按钮，实现效果如图 4-7 所示。

图 4-7 文章点赞成功实现效果

4.3.2 任务实施

基于对文章点赞功能的分析，实现其功能的具体步骤如下。

1. 添加文章点赞逻辑

与文章收藏功能一样，首先在 post.js 文件中添加处理文章点赞的方法，代码示例如下：

```
//文章点赞
upPost(postId) {

    //获得需要处理的文章对象
    let postObj = this.getPostDetailById(postId);
```

```
    let postData = postObj.data;
    if (!postData.upStatus) {
      postData.upNum++;
      postData.upStatus = true;
    } else {
      postData.upNum--;
      postData.upStatus = false;
    }
    postObj.data = postData;
    //更新数据缓存
    this.updateStorage(postObj);
    return postData;
}
```

2. 处理用户单击点赞图标事件和页面数据绑定

在 post-detail.js 中处理用户单击点赞图标事件和页面数据绑定，其代码示例如下：

```
//文章点赞
onUpTap() {
console.log(' onUpTap' );
let newPostData = postDao.upPost(this.data.post.postId);
this.setData({
  ' post.upStatus' : newPostData.upStatus,
  ' post.upNum' : newPostData.upNum
});
},
```

对应的页面处理代码示例如下：

```
<view class="tool-item" catchtap="onUpTap">
 <image wx:if="{{post.upStatus}}" src="/images/icon/wx_app_liked.png" />
 <image wx:else src="/images/icon/wx_app_like.png"   />
 <text>{{post.upNum}}</text>
</view>
```

保存代码，自动编译，运行，文章的点赞功能基本实现。

3. 实现点赞功能的动画效果

小程序动画效果的实现方法有两种：第一，使用 CSS3 的动画；第二，使用小程序中动画的 API。这里使用小程序中动画的 API 进行实现。

在使用小程序动画前，必须先创建一个动画实例。创建动画实例的方法：wx. createAnimation（object）。该方法的 object 参数会接收一些属性，具体参数属性说明如图 4-8 所示。

需要在 post-detail. js 中添加一个方法来创建 animation 实例，其代码示例如下：

Object object				
属性	类型	默认值	必填	说明
duration	number	400	否	动画持续时间，单位 ms
∧ timingFunction	string	'linear'	否	动画的效果

合法值	说明
'linear'	动画从头到尾的速度是相同的
'ease'	动画以低速开始，然后加快，在结束前变慢
'ease-in'	动画以低速开始
'ease-in-out'	动画以低速开始和结束
'ease-out'	动画以低速结束
'step-start'	动画第一帧就跳至结束状态直到结束
'step-end'	动画一直保持开始状态，最后一帧跳到结束状态

delay	number	0	否	动画延迟时间，单位 ms
transformOrigin	string	'50% 50% 0'	否	

图 4-8　wx. createAnimation 参数属性说明

```
//设置动画
setAniation() {
//创建动画实例
 var animationUp = wx.createAnimation({
   transformOrigin: ' ease-in-out' //设置动画以低速开始和结束
 })
 this.animationUp = animationUp;
},
```

以上代码定义了一个 setAniation 方法，接下来在 post-detail. js 的 onLoad 方法中使用此方法。代码示例如下：

```
/**
 *生命周期函数--监听页面加载
 */
onLoad: function (options) {

//获得文章编号
let postId = options.postId;
console.log("postId:" + postId);

this.postDao = new PostDao();
let postData = this.postDao.getPostDetailById(postId);
console.log("postData", postData);
```

```
this.setData({
  post: postData.data
});

//创建动画
this.setAniation( );
}
```

请注意，加粗部分为新添加的代码。

4. 设置动画效果

对于动画的设置，可以采用链式的语法同时设置多个动画效果。设置的动画可以进行分组，每一个分组可以使用 step( ) 方法进行分离。例如：

```
Animation.scale(2,2).rotate(45).step().translate.step({duration:1000});
```

小程序中提供了 6 类动画方法：常规样式、旋转、缩放、偏移、倾斜、矩阵变形。

图 4-9 所示为官方提供的关于小程序的 API 的列表截图。在这里不一一展示 API，建议根据使用需求查阅文档。

图 4-9　小程序动画 API 列表

接下来需要设置动画的代码，其代码示例如下：

```
//文章点赞
onUpTap() {
  console.log(' onUpTap' );
  let newPostData = this.postDao.upPost(this.data.post.postId);
  this.setData({
    ' post.upStatus' : newPostData.upStatus,
    ' post.upNum' : newPostData.upNum
  });

//添加动画效果
  //放大效果
  this.animationUp.scale(2).step();
  this.setData({
    animationUp: this.animationUp.export()
  })
  //缩小效果
  setTimeout(function() {
    this.animationUp.scale(1).step();
    this.setData({
      animationUp: this.animationUp.export()
    })
  }.bind(this), 300);
}
```

以上代码中，对动画实例 animationUp 做了两次设置和调用：

第一次设置 scale 动画方法，让图标先放大，然后调用 step 方法表示这组动画完成，接着调用 export 方法导出动画，并做数据绑定更新，这将导致点赞图标被放大。

第二次设置 scale 动画方法，让图标恢复到原状，同样再次调用 step 和 exprot 方法并做数据绑定更新，这将导致点赞图标还原。在执行第二次动画方法时，使用 setTimeOut 方法让缩小动画效果延迟 300 ms 再执行。

使用 export 方法导出动画，并将导出的动画绑定到 wxml 组件上。既然在代码中使用了数据绑定，就必须在 wxml 中绑定这个动画，这样点赞动画才能正常执行。修改 post-detail. xml 的设置点赞图标的 image 组件，代码示例如下：

```
<view class="tool-item" catchtap="onUpTap">
  <image wx:if="{{post.upStatus}}" src="/images/icon/wx_app_liked.png" animation="{{animationUp}}"/>
  <image wx:else src="/images/icon/wx_app_like.png"animation="{{animationUp}}"/>
  <text>{{post.upNum}}</text>
</view>
```

加粗部分是新增的代码，作用是接受动画的数据绑定。需要注意的是，要同时绑定已点赞和未点赞两种状态的图标。

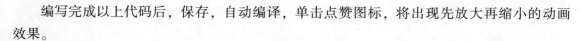

编写完成以上代码后，保存，自动编译，单击点赞图标，将出现先放大再缩小的动画效果。

两次动画没有使用动画队列的方式实现，而是通过 setTimeOut 方法实现，这是因为在当前版本中存在一个 bug，即，通过 step( ) 分隔动画，只有第一步动画能生效。

保存代码，测试运行，进入文章详情页面，单击点赞图标，效果如图 4-7 所示。

文章点赞图标已经切换成点赞成功效果，在用户操作过程中同时有动画效果，再次单击点赞图标，取消文章点赞。以上为文章点赞功能实现的全部步骤。

4.4 完成文章评论功能

4.4.1 任务描述

4.4.1.1 任务需求

完成文章的收藏与点赞功能之后，本任务将完成文章评论功能。文章的评论不仅包含发表文字，还包括上传图片和语音。评论页面将使用一个全新的 post-comment 页面，它属于 post-detail 的子页面。通过单击评论功能按钮可以跳转到 post-comment 页面，接下来一步步完成评论的功能。

完成文章的评论功能需要涉及微信小程序媒体中的图片、音频、照片相关的 API，但构建文章评论页面的整体思路主要包括两个部分：

（1）加载并显示当前文章已经存在的评论。

（2）实现添加新评论的功能。

这个思路是一种适用于大部分前端功能的通用思路，就像在 post-detail 页面中编写点赞、收藏等功能一样，先显示点赞和收藏的数量、状态，再考虑实现点赞和收藏的操作功能，因此，在下面的示例步骤中，需要构建如下相关页面和功能：

- 在 post-comment. js 中获取并绑定文章评论数据。
- 编写 post-comment 页面的 wxml 和 wxss 来显示文章评论数据。
- 编写添加新评论的功能。

4.4.1.2 效果预览

完成本任务后，文章的评论功能包含文字评论、图片评论和语音评论的内容。

4.4.2 任务实施

基于对文章评论功能的需求分析，完成文章评论的功能实现。

4.4.2.1 创建文章评论页面，获取并绑定评论数据

为了方便功能测试，需要在 data. js 中添加模拟数据。选择在 postId 为 4，标题为《飞驰的人生》这篇文章下面添加 4 条评论数据（comments），代码示例如下：

```
        comments: [{
          username: ' 艾薇',
          avatar: ' /images/avatar/avatar-3. png',
          create_time: ' 1484723344',
          content: {
            txt: ' 春节档期上映的电影有黄渤和沈腾主演的《疯狂的外星人》,以及星爷的《新喜剧之王》等,我选
择了去看韩寒导演的《飞驰人生》,果然没有让我失望。',
            img: [ "/images/comment/comments - 1. jpg", "/images/comment/comments - 2. jpg", "/images/comment/
comments-3.jpg"],
            audio: null
          }
        }, {
          username: ' 蔚来',
          avatar: ' /images/avatar/avatar-2.png',
          create_time: ' 1481018319',
          content: {
            txt: ' 韩式幽默,第一部的《后会无期》可能大家会感觉有些欠火候,但是这次的《飞驰人生》真的是春
节期间一道不错的佳肴来供我们品尝。',
            img: [],
            audio: null,
          }
        },
        {
          username: ' 爱微笑的程序猿',
          avatar: ' /images/avatar/avatar-1.png',
          create_time: ' 1484496000',
          content: {
            txt: ' 对于赛车迷而言,《飞驰人生》绝对是一部看着又爽又好笑的满分电影,但是对于许多非赛车领
域的车迷而言,里面的有些汽车知识就显得有些过于硬核。',
            img: ["/images/comment/comments-4.jpg" ],
            audio: null,
          }
        },
        {
          username: ' 林白',
          avatar: ' /images/avatar/avatar-4.png',
          create_time: ' 1484582400',
          content: {
            txt: '',
            img: [],
            audio: {
              url: "http://123",
              timeLen: 8
            },
          }
        }
      ]
```

文章评论的数据结构具体包含的内容如下：

username：评论用户。

avatar：评论图像路径。

create_time：评论时间。

content：评论内容，其中包括评论文字（txt）、评论图片（img）、评论语音（audio）。

首先，在 pages 目录添加评论页面 post-comment，并在 post-detail 中添加从文章详情页面跳转到文章评论的页面的代码，代码示例如下：

```
//文章评论
onCommentTap(event){
 const id = event.currentTarget.dataset.postId;
 console.log(' onCommentTap' ,id);
 wx.navigateTo({
  url: ' ../post-comment/post-comment? id=' + id
 })
},
```

需要注意的是，从文章详情页面 post-detail 跳转到文章评论页面需要携带当前的 id 并跳转到 post-comment 页面。

基于前面的思路分析，需要从缓存数据库中读取评论数据并将数据绑定到框架中，修改 PostDao. js 文件，添加读取文章评论的代码，代码示例如下：

```
//获取文章的评论数据
getCommentData(postId){
  var commentData = this.getPostDetailById(postId).data;
  //按照时间降序排列评论
  commentData.comments.sort( this.compareWithTime) ;
  var len = commentData.comments.length;
  var comment;
  for(let i = 0; i < len;i++){
    comment = commentData.comments[i];
    comment.create_time = util.getDiffTime(comment.create_time,true);
  }
  return commentData.comments;
}
```

注意加粗代码。为了在显示评论时按照时间降序进行排序，需要添加评论排序的代码，代码示例如下：

```
//用户文章排序,对时间进行比较
compareWithTime(value1, value2) {
  var flag = parseFloat(value1.create_time) -parseFloat(value2.create_time);
  if (flag < 0) {
    return 1;
  } else if (flag > 0) {
    return -1
```

```
    } else {
      return 0;
    }
  }
```

同时，对显示的时间设置格式，需要调用 uitl 模块下的 getDiffTime 方法。在此项目中，把一些常用的基础处理模块化到 util（工具包），这样的设计在实际的开发中使用得非常多。当前时间格式化的代码示例如下：

```
/*
*根据客户端的时间信息得到发表评论的时间格式
*多少分钟前,多少小时前,然后是昨天,再是月日
* Para :
* recordTime -{float}时间戳
* yearsFlag -{bool}是否要年份
* /
function getDiffTime(recordTime,yearsFlag) {
 if (recordTime) {
   recordTime=new Date(parseFloat(recordTime)* 1000);
   var minute = 1000 *  60,
     hour = minute *  60,
     day = hour *  24,
     now=new Date(),
     diff = now -recordTime;
   var result = '';
   if (diff < 0) {
     return result;
   }
   var weekR = diff / (7* day);
   var dayC = diff / day;
   var hourC = diff / hour;
   var minC = diff / minute;
   if (weekR >= 1) {
     var formate=' MM-dd hh:mm';
     if(yearsFlag){
       formate=' yyyy-MM-dd hh:mm';
     }
     return recordTime.format(formate);
   }
   else if (dayC == 1 ||(hourC <24 && recordTime.getDate()! =now.getDate())) {
     result = ' 昨天'+recordTime.format(' hh:mm' );
     return result;
   }
   else if (dayC > 1) {
     var formate=' MM-dd hh:mm';
     if(yearsFlag){
       formate=' yyyy-MM-dd hh:mm';
     }
     return recordTime.format(formate);
```

```
      }
      else if (hourC >= 1) {
        result = parseInt(hourC) + '小时前';
        return result;
      }
      else if (minC >= 1) {
        result = parseInt(minC) + '分钟前';
        return result;
      } else {
        result = '刚刚';
        return result;
      }
    }
    return '';
  }
```

在上面的代码中，使用了 format 方法。需要在 util 模块中添加此方法，即在 JS 的 Date 对象上添加一个 format 方法，因此，需要在 Date 的原型链上添加，具体代码示例如下：

```
/*
*拓展 Date 方法,得到格式化的日期形式
* date.format('yyyy-MM-dd'),date.format('yyyy/MM/dd'),date.format('yyyy.MM.dd')
* date.format('dd.MM.yy'), date.format('yyyy.dd.MM'), date.format('yyyy-MM-dd HH:mm')
*使用方法如下：
*                var date = new Date();
*                var todayFormat = date.format('yyyy-MM-dd'); //结果为 2015-2-3
* Parameters:
* format - {string}目标格式类似('yyyy-MM-dd')
* Returns - {string}格式化后的日期 2015-2-3
*
*/
(function initTimeFormat(){
  Date.prototype.format = function (format) {
    var o = {
      "M+": this.getMonth() + 1, //month
      "d+": this.getDate(), //day
      "h+": this.getHours(), //hour
      "m+": this.getMinutes(), //minute
      "s+": this.getSeconds(), //second
      "q+": Math.floor((this.getMonth() + 3) / 3), //quarter
      "S": this.getMilliseconds() //millisecond
    }
    if (/(y+)/.test(format)) format = format.replace(RegExp.$ 1,
      (this.getFullYear() + "").substr(4 -RegExp.$ 1.length));
    for (var k in o) if (new RegExp("(" + k + ")").test(format))
      format = format.replace(RegExp.$ 1,
        RegExp.$ 1.length == 1 ? o[k] :
          ("00" + o[k]).substr(("" + o[k]).length));
    return format;
  };
})()
```

对于这段代码，如果不理解，不需要深入研究，只需要知道它的功能以及如何使用即可。最后，在 util. js 的末尾添加导出模块的代码：

```
module.exports = {
    getDiffTime: getDiffTime
}
```

以上完成了读取文章评论的代码，接下来需要在 post-comment. js 中调用，代码示例如下：

```
/**
*生命周期函数--监听页面加载
*/
onLoad: function (options) {

var postId = options.id;
this.data._postId = postId;
this.postDao = new PostDao();
var comments = this.postDao.getCommentData(postId);
console.log(comments);
//文章评论数据绑定
this.setData({
  comments: comments
});
},
```

使用 post-comment. js 的 onLoad 方法获取文章评论数据，并绑定到 comments 变量中。保存代码，自动编译，运行。需要注意的是，仅仅在《飞驰的人生》文章数据中设置评论数据，因此，进入对应文章的详情页面，单击评论图标，在控制台查看数据是否正常加载，如图 4-10 所示。

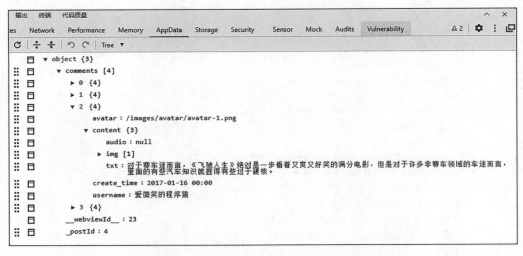

图 4-10　控制台 AppData 文章评论数据

4.4.2.2　完成显示文章评论的内容

完成文章评论数据的读取后，需要编写 post-comment 页面的 wxml 和 wxss 文件来显示文章评论的数据。显示评论数据的 wxml 代码示例如下：

```
<view class="comment-detail-box">
 <view class="comment-main-box">
  <view class="comment-title">评论·········（ 共{{comments.length}}条）</view>
  <block wx:for="{{comments}}" wx:for-item="item" wx:for-index="idx" wx:key="idx">
   <view class="comment-item">
    <!--评论者信息-->
    <view class="comment-item-header">
     <view class="left-img">
      <image src="{{item.avatar}}"></image>
     </view>
     <view class="right-user">
      <text class="user-name">{{item.username}}</text>
     </view>
    </view>
    <!--评论文字内容-->
    <view class="comment-body">
     <view class="comment-txt" wx:if="{{item.content.txt}}">
      <text>{{item.content.txt}}</text>
     </view>
     <!--语音评论-->
     <view class="comment-voice" wx:if="{{item.content.audio && item.content.audio.url}}">
      <view data-url="{{item.content.audio.url}}" class="comment-voice-item" catchtap="playAudio">
       <image src="/images/icon/wx_app_voice.png" class="voice-play"></image>
       <text>{{item.content.audio.timeLen}}' ' </text>
      </view>
     </view>
     <!--图片评论-->
     <view class="comment-img" wx:if="{{item.content.img.length! =0}}">
      <block wx:for="{{item.content.img}}" wx:for-item="img" wx:for-index="imgIdx" wx:key="imgIdx">
       <image src="{{img}}"    data-comment-idx="{{idx}}" data-img-idx="{{imgIdx}}"></image>
      </block>
     </view>
    </view>
    <!--评论时间-->
    <view class="comment-time">{{item.create_time}}</view>
   </view>
  </block>
 </view>
</view>
```

代码用到的知识点已经介绍过，需要注意的是，对于评论的文字内容、语音内容、图片内容，按照不同类型进行分类显示。

post-comment 的 wxml 编写完成后，需要添加评论页面的样式内容，代码示例如下：

```
.comment-detail-box {
  position: absolute;
  top: 0;
  left: 0;
  bottom: 0;
  right: 0;
  overflow-y: hidden;
}

.comment-main-box {
  position: absolute;
  top: 0;
  left: 0;
  bottom: 100rpx;
  right: 0;
  overflow-y: auto;
  -webkit-overflow-scrolling:touch;
}
.comment-item {
  margin: 20rpx 0 20rpx 24rpx;
  padding: 24rpx 24rpx 24rpx 0;
  border-bottom: 1rpx solid #f2e7e1;
}

.comment-item:last-child {
  border-bottom: none;
}

.comment-title {
  height: 60rpx;
  line-height: 60rpx;
  font-size: 28rpx;
  color: #212121;
  border-bottom: 1px solid #ccc;
  margin-left: 24rpx;
  padding: 8rpx 0;
  font-family: Microsoft YaHei;
}

.comment-item-header {
```

```
  display: flex;
  flex-direction: row;
  align-items: center;
}

.comment-item-header .left-img image {
  height: 80rpx;
  width: 80rpx;
}

.comment-item-header .right-user {
  margin-left: 30rpx;
  line-height: 80rpx;
}

.comment-item-header .right-user text {
  font-size: 26rpx;
  color: #212121;
}

.comment-body {
  font-size: 26rpx;
  line-height: 26rpx;
  color: #666;
  padding: 10rpx 0;
}

.comment-txt text {
  line-height: 50rpx;
}

.comment-img {
  margin: 10rpx 0;
}

.comment-img image {
  max-width: 32%;
  margin-right: 10rpx;
  height: 220rpx;
  width: 220rpx;
}

.comment-voice-item {
  display: flex;
  flex-direction: row;
  align-items: center;
  width: 200rpx;
```

```
  height: 64rpx;
  border: 1px solid #ccc;
  background-color: #fff;
border-radius: 6rpx;
}

.comment-voice-item .voice-play {
  height: 64rpx;
  width: 64rpx;
}

.comment-voice-item text {
  margin-left: 60rpx;
  color: #212121;
  font-size: 22rpx;
}

.comment-time {
  margin-top: 10rpx;
  color: #ccc;
  font-size: 24rpx;
}
```

以上代码中使用到了 CSS 的定位属性 position：absolute，这是为后面编写新增评论的功能而准备的。保存代码，自动编译，运行，效果如图 4-11 所示。

图 4-11　文章评论实现效果

4.4.2.3 实现图片预览

在文章的评论列表中，所有图片都以固定的大小显示，并将 image 的 mode 设置了 aspectFill 的缩放模式，接下来将实现通过单击图片来添加图片预览功能。

微信小程序已经为图片预览提供对应 API：wx.previewImage（Object），其参数具体使用方法如图 4-12 所示。

Object object					
属性	类型	默认值	必填	说明	最低版本
urls	Array.<string>		是	需要预览的图片链接列表。2.2.3 起支持云文件ID。	
showmenu	boolean	true	否	是否显示长按菜单。	2.13.0
current	string	urls 的第一张	否	当前显示图片的链接	
referrerPolicy	string	no-referrer	否	origin：发送完整的referrer；no-referrer：不发送。格式固定为 https://servicewechat.com/{appid}/{version}/page-frame.html，其中 {appid} 为小程序的 appid，{version} 为小程序的版本号，版本号为 0 表示为开发版、体验版以及审核版本，版本号为 devtools 表示为开发者工具，其余为正式版本；	2.13.0
success	function		否	接口调用成功的回调函数	
fail	function		否	接口调用失败的回调函数	
complete	function		否	接口调用结束的回调函数（调用成功、失败都会执行）	

图 4-12　wx.previewImage（Object）参数官方说明

具体实现内容需要以下两步。

第一步：在 post-comment.wxml 的图片评论的 class = " comment-img" 组件中绑定 previewImg 处理方法，代码示例如下：

```
<view class="comment- img" wx:if="{{item.content.img.length!=0}}">
 <block wx:for="{{item. content.img}}" wx:for- item="img" wx:for-index="imgIdx">
  <image src="{{img}}" mode="aspectFill" catchtap="previewImg" data- comment- idx="{{idx}}" data-img-idx="{{imgIdx}}"></image>
 </block>
</view>
```

由于评论图片是一组图片，所以，在进行页面最后渲染时，会为每张图片添加预览图片的方法，同时使用 dataset 方式为每张图片添加表述 imgIdx，这里使用 for 渲染的索引值。

第二步：在 post-comment.js 中实现图片预览方法 previewImg，其具体代码示例如下：

```
//图片预览
previewImg(event) {
  //获得评论序号
  let commentIdx = event.currentTarget.dataset.commentIdx;
  let imgIdx = event.currentTarget.dataset.imgIdx;
  //获得评论的全部图片
  let images = this.data.comments[commentIdx].content.img;
  //使用微信预览 API
  wx.previewImage({
    current: images[imgIdx],
    urls: images
  })
},
```

保存代码，自动编译，运行。本地文件无法在模拟器中预览，此时可以使用真机测试，预览正常。

4.4.2.4 完成提交评论界面

完成文章评论的基本显示后，接下来实现提交一条文本类型的评论。由于提交评论页面需要处理的内容包含"提交文字评论""语音评论""图片评论"三种类型，因此，首先处理用户提交文字方式和语音评论方式的操作切换。单击右边的"+"可以选择图片和照片。

首先在 post-comment. wxml 文件中新增一段代码，以显示评论区域。其代码示例如下：

```
<!--发布评论输入-->
<view class="input-box">
  <view class="send-msg-box">
    <!--语音评论输入 -->
    <view hidden="{{useKeyboardFlag}}" class="input-item">
      <image src="/images/icon/wx_app_keyboard.png" class="comment-icon keyboard-icon" catchtap="switchInputType"></image>
      <input class="input speak-input {{recodingClass}}" value="按住 说话" disabled="disabled" catchtouchstart="recordStart" catchtouchend="recordEnd" />
    </view>
    <!-- 文字评论输入-->
    <view hidden="{{! useKeyboardFlag}}" class="input-item">
      <image class="comment-icon speak-icon" src="/images/icon/wx_app_speak.png" catchtap="switchInputType"></image>
      <input class="input keyboard-input" value="{{keyboardInputValue}}" bindconfirm="submitComment" bindinput="bindCommentInput" placeholder="说点什么吧……" />
    </view>
    <!--发布图片-->
    <image class="comment-icon add-icon" src="/images/icon/wx_app_add.png" catchtap="sendMoreMsg"></image>
    <view class="submit4-btn" catchtap="submitComment">发送</view>
  </view>
</view>
```

在上面的代码示例中，在语音评论输入和文字评论输入的 view 组件中使用了 hidden 属性，主要控制组件是否显示与 wx. if 一样的效果，相比之下，hidden 简单多了。在实际开发中，如果显示逻辑比较复杂，推荐使用 wx. if；如果比较简单，推荐使用 hidden 属性进行控制。

这里使用一个新组件——input 组件。input 组件使用比较简单，与 html 的表单 input 很相似，具体的内容可以参考官方文档，地址为 https://developers.weixin.qq.com/miniprogram/dev/component/input.html。

同时，在 post-comment 页面的样式文件 post-comment. wxss 中添加样式代码，代码示例如下：

```
/*******************评论框*********************/
.input-box{
 position: absolute;
 bottom: 0;
 left:0;
 right: 0;
 background-color: #EAE8E8;
 border-top:1rpx solid #D5D5D5;
 min-height: 100rpx;
 z-index: 1000;
}
.input-box .send-msg-box{
 width: 100%;
 height: 100%;
 display: flex;
 padding: 20rpx 0;
}
.input-box .send-more-box{
 margin: 20rpx 35rpx 35rpx 35rpx;
}
.input-box .input-item{
 margin:0 5rpx;
 flex:1;
 width: 0%;
 position: relative;
}
.input-box .input-item .comment-icon{
 position: absolute;
 left:5rpx;
 top:6rpx;
}

.input-box .input-item .input{
 border: 1rpx solid #D5D5D5;
 background-color: #fff;
 border-radius: 3px;
 line-height: 65rpx;
```

```
 margin:5rpx 0 5rpx 75rpx ;
 font-size: 24rpx;
 color: #838383;
 padding: 0 2% ;
}
.input-box .input-item .keyboard-input{
 width: auto;
 max-height: 500rpx;
 height: 65rpx;
 word-break:break-all;
 overflow:auto;
}
.input-box .input-item .speak-input{
 text-align: center;
 color: #212121;
 height: 65rpx;
}

.input-box .input-item .recoding{
 background-color: #ccc;
}

.input-box .input-item .comment-icon.speak-icon{
 height: 62rpx;
 width: 62rpx;
}
.input-box .input-item .comment-icon.keyboard-icon{
 height: 60rpx;
 width: 60rpx;
 left:6rpx;
}
.input-box .add-icon{
 margin:0 5rpx;
 height: 65rpx;
 width: 65rpx;
 transform: scale(0.9);
 margin-top: 2px;
}
.input-box .submit-btn{
 font-size: 24rpx;
 margin-top: 5rpx;
 margin-right: 8rpx;
 line-height: 60rpx;
 width: 120rpx;
 height: 60rpx;
 background-color: #4A6141;
 border-radius:5rpx;
 color: #fff;
 text-align: center;
```

```
      font-family:Microsoft Yahei;
    }

    .send-more-box .more-btn-item{
      display: inline-block;
      width: 110rpx;
      height: 145rpx;
      margin-right: 35rpx;
      text-align: center;
    }

    .more-btn-main{
      width: 100%;
      height:60rpx;
      text-align: center;
      border:1px solid #D5D5D5;
      border-radius: 10rpx;
      background-color: #fbfbfc;
      margin: 0 auto;
      padding:25rpx 0
    }
    .more-btn-main image{
      width: 60rpx;
      height: 60rpx;
    }
    .send-more-box .more-btn-item .btn-txt{
      color: #888888;
      font-size: 24rpx;
      margin:10rpx 0;
    }

    .send-more-result-main{
      margin-top: 30rpx;
    }
    .send-more-result-main .file-box{
      margin-right: 14rpx;
      height: 160rpx;
      width: 160rpx;
      position: relative;
      display: inline-block;
    }

    .send-more-result-main .file-box.deleting{
      animation:deleting 0.5s ease;
      animation-fill-mode: forwards;
    }

    @keyframes deleting {
    0% {
        transform: scale(1);
```

```
  }
  100% {
     transform: scale(0);
  }
}

.send-more-result-main image{
 height: 100%;
 width: 100%;
}
.send-more-result-main .remove-icon{
 position: absolute;
 right: 5rpx;
 top: 5rpx;
}

.send-more-result-main .file-box .img-box {
 height: 100%;
 width: 100%;
}
```

需要注意的是，上面的样式代码目前并未全部用到，但在后续代码中将使用到。
保存代码，自动编译，运行，效果如图 4-13 所示。

图 4-13 完成提交评论区域效果

4.4.2.5 实现文字评论框和语音框的切换

完成了页面的骨架和样式后，编写页面的逻辑。首先实现"按住说话"和"说点什么吧"这两个组件的切换效果。这里使用控制变量 useKeyboardFlag 进行控制，首先需要在 post-comment.js 中对其变量进行初始化操作，代码示例如下：

```
/**
*页面的初始数据
*/
data: {
//语音输入与键盘输入标识
 useKeyboardFlag: true,
},
```

初始化 useKeyboardFlag 的值为 true，表示默认显示键盘类的输入方式。

接下来编写切换逻辑，实现使用 switchInputType 方法来切换 useKeyboardFlag 这个控制变量，其代码示例如下：

```
//语音输入和键盘输入切换
switchInputType(event) {
 this.setData({
  useKeyboardFlag：! this.data.useKeyboardFlag
 });
},
```

上面示例代码的逻辑就是把 useKeyboardFlag 变量值取反，然后赋值给 this.data.useKeyboardFlag，这样就可以实现语音输入与键盘输入的切换逻辑，保存代码，效果如图 4-14 所示。

单击评论框最左侧的小图标，可以实现语音评论和文字评论的相互切换，切换后的效果如图 4-15 所示。

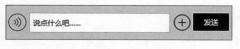
图 4-14 键盘输入的方式

图 4-15 语音输入的方式

4.4.2.6 实现文字评论

输入文字内容，单击"发送"按钮后，就可以完成文字评论的发送。这里需要通过 submitComment 方法进行处理。

（1）获取用户输入的评论内容，并保存到 this.data 临时变量中。

（2）将新发布的文字评论保存到缓存数据库中，以便下次打开评论页面显示新的文字评论内容。

（3）完成评论，提示用户评论发布成功。

（4）将当前发布的评论添加到页面评论列表中。

（5）清空 input 组件，准备接收下一条评论。

其具体实现步骤如下：

1. 通过 input 组件获取用户输入的文字内容

为了保存用户输入的文字内容，首先在 post-comment.js 的 data 中添加对应变量，代码示例如下：

```
/**
*页面的初始数据
*/
data: {
//语音输入与键盘输入标识
useKeyboardFlag: true,
_postId: '',
//评论
comments: [],
//语音输入与键盘输入标识
useKeyboardFlag: true,
},
```

注意，加粗的代码为新添加的代码。在此基础上需要添加处理 input 组件的 bindinput 事件函数，此函数功能是获取用户输入的内容，代码示例如下：

```
//获取用户输入
bindCommentInput(event) {
  let val = event.detail.value;
  console.log(' bindCommentInput' , val);
  this.data.keyboardInputValue = val;
  // return val + "+";
  return val.replace(/qq/g, "*");
},
```

同时，在 post-comment.wxml 文件中绑定对应的处理函数，代码示例如下：

```
<view hidden="{{!useKeyboardFlag}}" class="input-item">
  <image class = " comment - icon speak - icon" src = "/images/icon/wx _ app _ speak. png" catchtap = "switchInputType"></image>
  <input class="input keyboard-input" value="{{keyboardInputValue}}" bindconfirm="submitComment" bindinput="bindCommentInput" placeholder="说点什么吧……" />
</view>
```

注意，加粗代码为新添加的代码。

2. 添加保存新评论的操作逻辑

需要在 PostDao. js 文件中添加保存新评论的操作方法 saveComment，代码示例如下：

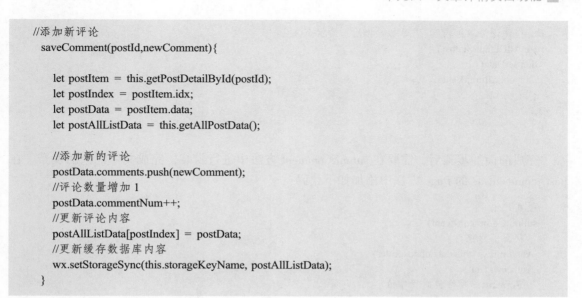

```
//添加新评论
  saveComment(postId,newComment){

    let postItem = this.getPostDetailById(postId);
    let postIndex = postItem.idx;
    let postData = postItem.data;
    let postAllListData = this.getAllPostData();

    //添加新的评论
    postData.comments.push(newComment);
    //评论数量增加1
    postData.commentNum++;
    //更新评论内容
    postAllListData[postIndex] = postData;
    //更新缓存数据库内容
    wx.setStorageSync(this.storageKeyName, postAllListData);
  }
```

3. 完成评论，提示用户评论发布成功

在 post-comment.js 中添加 showCommitSuccessToash 方法，完成用户提示，代码示例如下：

```
//评论成功反馈
  showCommitSuccessToast() {
   wx.showToast({
     title: '评论成功',
     duration: 1000,
     icon: "success"
   })
  },
```

4. 在列表中显示新添加的评论

将新添加的评论添加到页面的评论列表中进行显示，在 post-comment.js 的 Page 方法中新添加 bindCommentData 方法，代码示例如下：

```
//重新绑定评论数据
bindCommentData() {
 let postId = this.data._postId;
 let comments = this.postDao.getCommentData(postId);
 //绑定评论
 this.setData({
   comments
 });
},
```

5. 重置输入框

清空 input 组件，准备接收下一条评论。要清空 input 组件，只需将 input 的 value 的属性设置为空字符串即可。在 post-comment.js 的 Page 方法中添加如下代码：

```
//清空评论输入框内容,同时初始化输入的状态
resetAllDefaultStatus() {
  this.setData({
    keyboardInputValue: ' ',
  });
},
```

6. 完成提交评论处理逻辑封装

完成前面的步骤后，需要在 submitComment 方法中进行封装，完成文字评论的发布。在 post-comment. js 的 Page 方法中添加如下代码：

```
//提交评论
submitComment(event) {
  //获得图片信息
  var imgs = this.data.chooseFiles;
  var newData = {
    username: "爱微笑的程序猿",
    avatar: "/images/avatar/avatar-1.png",
    create_time: new Date().getTime() / 1000,
    //评论内容
    content: {
      txt: this. data. keyboardInputValue,
      img: imgs
    }
  }
  //保存新评论到缓存数据库中
  let postId = this.data._postId;
  this.postDao.saveComment(postId, newData);
  //反馈操作结果
  this.showCommitSuccessToast();

  //重新绑定评论数据
  this.bindCommentData();
  //清空评论输入框内容,同时初始化输入的状态
  this.resetAllDefaultStatus();

},
```

这里在 newData 中硬编码了当前用户的用户名和图片，在实际开发中，应该获得当前授权用户信息。

保存代码，运行后，在文本框中输入"新评论测试数据"，单击"发送"按钮后，效果如图 4-16 所示。

到目前为止，已经实现了使用"发送"按钮发送文字评论的功能。也可以实现在模拟器中通过按 Enter 键来发送评论，只需要在 input 组件中绑定对应 bindconfirm 事件即可。其代码示例如下：

```
<input class="input keyboard-input" value="{{keyboardInputValue}}" bindconfirm="submitComment" bindinput="bindCommentInput"placeholder="说点什么吧……" />
```

图 4-16　发布文字评论后的效果

加粗代码为新添加代码。需要注意的是，input 组件 bindconfirm 在绑定事件函数时，不能写成"bindbindconfirm"。

4.4.2.7　实现照片与拍照的选择

接着实现照片与拍照的评论界面。先来实现以下效果：当用户单击"+"按钮后，出现选择照片和拍照的界面。

首先，在 post-comment. wxml 中添加显示照片与拍照界面的骨架代码，代码示例如下：

```
<view class="send-more-box" hidden="{{! sendMoreMsgFlag}}">
  <!--选择照片和拍照的按钮-->
  <view class="send-more-btns-main">
    <view class="more-btn-item" catchtap="chooseImage" data-category="album">
      <view class="more-btn-main">
        <image src="/images/icon/wx_app_upload_image. png"></image>
      </view>
      <text>照 片</text>
    </view>
    <view class="more-btn-item" catchtap="chooseImage" data-category="camera">
```

```
        <view class="more-btn-main">
          <image src="/images/icon/wx_app_camera. png"></image>
        </view>
        <text>拍照</text>
      </view>
    </view>
    <!--显示选择的照片-->
    <view class="send-more-result-main" hidden="{{chooseFiles. length==0}}">
      <block wx:for="{{chooseFiles}}" wx:for-index="idx">
        <!--如果删除其中一个,则对其添加 deleting 样式;-->
        <view class="file-box {{deleteIndex==idx? ' deleting' :' ' }}">
          <view class="img-box">
            <image src="{{item}}" mode="aspectFill"></image>
            <icon class="remove-icon" type="cancel" size="23" color="#B2B2B2" catchtap="deleteImage" data-idx="{{idx}}"/>
          </view>
        </view>
      </block>
    </view>
  </view>
```

上面的代码中，使用 sendMoreMsgFlag 变量控制整体面板的显示和隐藏。默认状态下，它是隐藏的，所以，首先在 post-comment. js 的 Page 方法 data 属性下设置 sendMoreMsgFlag 的初始状态为 false，其代码示例如下：

```
data: {
  _postId: ' ',
  //评论
  comments:[],
  //语音输入与键盘输入标识
  useKeyboardFlag: true,
  //评论输入框内容
  keyboardInputValue: ' ',
  //控制是否显示照片选择面板
  sendMoreMsgFlag: false,
},
```

上面代码示例中，加粗为新添加代码。接下来实现用户单击"+"按钮绑定的 send-MoreMsg 方法对应的业务逻辑，它将切换 sendMoreMsgFlag 变量的值，以实现面板的切换和隐藏。其代码示例如下：

```
//显示选择更多(照片与拍照)等按钮
sendMoreMsg() {
  this.setData({
    sendMoreMsgFlag: ! this.data.sendMoreMsgFlag
  });
},
```

保存代码，运行代码，再次单击"+"按钮，拍照面板将动态地显示和隐藏，如图 4-17 所示。

完成界面的功能后，实现从相册选择照片与拍照的功能。这里需要使用微信小程序提供的一个 API：chooseMedia（Object）来实现这个功能，其重要的 Object 参数如下：

图 4-17　出现照片与拍照界面

• count 类型 number，表示最多选择文件的个数，默认值：9。

• mediaType 类型 Array. <string>，表示文件类型，默认值：['image','video']。

• sourceType 类型 Array. <string>，表示图片和视频选择的来源，默认值：['album','camera']。

• success 类型 function，表示接口调用成功的回调函数。

需要注意的是，微信官方提供了 wx. chooseImage（Object object）的 API 来实现图片选择，但从基础库 2.21.0 开始，此接口停止维护，官方更加推荐使用 wx. chooseMedia（Object），具体使用方法请参考官方文档资料。

了解了 chooseMedia 的基本使用方法之后，需要在 data 变量中添加一个数组来保存已经选择的图片的 URL，代码示例如下：

```
data: {
//语音输入与键盘输入标识
useKeyboardFlag: true,
_postId: '',
//评论
comments: [],
//语音输入与键盘输入标识
useKeyboardFlag: true,
//控制是否显示图片选择面板
sendMoreMsgFlag: false,
//保存已经选择的图片
chooseFiles: [],
},
```

在页面代码中，分别在"照片"和"拍照"这两个图片按钮上注册了同一个事件：chooseImage 事件。单击这两个图片按钮后执行此方法。在 post-comment. js 中添加这个事件方法，代码示例如下：

```
//选择本地照片与拍照
chooseImage(event) {
//已选择图片数组
var imageArr = this.data.chooseFiles;
//只能上传 3 张照片,包括拍照
var leftCount = 3 - imageArr.length;
if (leftCount < 0) {
  return;
}
//使用 wx.chooseMedia()方法实现
```

```
wx.chooseMedia({
  count: leftCount,
  sourceType: sourceType,
  success: (res) => {
    console.log(' res', res);
    for (let i = 0; i < res.tempFiles.length; i++) {
      let tempFileobj = res.tempFiles[i]
      imageArr.push(tempFileobj.tempFilePath)
    }
    this.setData({
      chooseFiles: imageArr
    })
  }
})

},
```

注意，在 success 回调方法中有一个 res 参数，在 res 参数中有一个 tempFiles 属性用于保存用户选择的图片的对象数组，通过这个数组的 tempFilePath 属性获得图片的本地路径。获得图片路径后，就可以将这些图片地址添加到 imageArr 中，并将 imageArr 绑定到 chooseFiles 数组变量中。一旦 chooseFiles 变量被绑定了数据，wxml 代码中的 <block wx:for="{{chooseFiles}}" wx:for-index="idx">将循环显示这些图片。

图 4-18　评论选择照片的运行效果

保存代码，运行，测试效果如图 4-18 所示。

需要注意的是，在模拟器上进行测试拍照时，选择照片的方式与直接选择照片的方式一样。

4.4.2.8　删除已经选择的图片

当完成选择图片功能后，有时需要删除图片并重新选择，所以还需要支持图片的删除功能。

删除功能是通过单击图片右上角的 icon 图片实现的。要实现此功能，首先需要在每张图片上添加删除图标，这里使用小程序 icon 图片组件，其有三个属性。

● type 类型：string，表示 icon 的类型，有效值有 success、success_no_circle、info、warn、waiting、cancel、download、search、clear。

● size 类型：number/string，表示 icon 的大小，单位默认为 px。2.4.0 版本起支持传入单位 rpx/px，2.21.3 版本起支持传入其余单位（rem 等）。

● color 类型：string，表示 icon 的颜色。

在页面中使用 icon 组件为每张图片添加删除图标，其代码示例如下：

```
<view class="img-box">
  <image src="{{item}}" mode="aspectFill"></image>
  <icon class="remove-icon" type="cancel" size="23" color="#B2B2B2" catchtap="deleteImage" data-idx="{{idx}}" />
</view>
```

接下来需要为删除图标注册处理对应业务逻辑方法，其具体操作是在 post-comment. js 文件中添加删除图片 deleteImage 方法，其方法示例代码如下：

```
//删除图片
deleteImage(event) {
  let index = event.currentTarget.dataset.idx;
  this.setData({
    deleteIndex: index
  });
  this.data.chooseFiles.splice(index, 1);
  this.setData({
    chooseFiles: this.data.chooseFiles
  });
}
```

为了更好地使用，还可以为当前的删除功能做一个动画效果，这里使用 CSS3 动画来实现。在 post-comment. wxss 样式文件中添加这段动画的代码，代码示例如下：

```
/*删除图片的 CSS3 动画 */
.send-more-result-main .file-box.deleting{
  animation:deleting 0.5s ease;
  animation-fill-mode: forwards;
}

@keyframes deleting {
  0% {
    transform: scale(1);
  }
  100% {
    transform: scale(0);
  }
}
```

在组件上绑定对应动画样式，代码示例如下：

```
<!--如果删除其中一个,则对其添加 deleting 样式;-->
<view class="file-box {{deleteIndex==idx? ' deleting':' '}}">
```

修改 post-comment. js 中的 deleteImage 方法，以支持 CSS3 动画效果，代码示例如下：

```
//删除图片
deleteImage(event) {

  let index = event.currentTarget.dataset.idx;
  this.setData({
    deleteIndex: index
  });
  this.data.chooseFiles.splice(index, 1);
  setTimeout(() => {
    this.setData({
```

```
        deleteIndex: -1,
        chooseFiles: this.data.chooseFiles
      })
    }, 500);
  },
```

在新代码中，使用一个 deleteIndex 变量表示被删除的图片序号，默认值为-1，表示当前没有删除图片。代码示例如下：

```
data: {
//语音输入与键盘输入标识
useKeyboardFlag: true,
_postId: '',
//评论
comments: [],
//语音输入与键盘输入标识
useKeyboardFlag: true,
//控制是否显示图片选择面板
sendMoreMsgFlag: false,
//保存已经选择的图片
chooseFiles: [],
//被删除的图片序号
deleteIndex: -1,
}
```

在定义了 deleteIndex 变量后，在删除图片时，首先使用 this.setData 方法更新 deleteIndex 变量为当前删除图片的序号，使用 this.setData 将立即执行数据绑定，使被删除的图片立即添加并执行一个 deleting 动画。动画执行的时间为 500 ms，所以使用 setTime 函数延迟500 ms后再删除这张图片。

保存代码，运行测试，单击图片右上角的"删除"图片按钮，图片可以成功删除，同时伴随着一个删除的动画效果。

以上是实现图片删除的全部内容。

4.4.2.9 实现图片评论的发送

发送图片评论的思路与发送文字的思路一样，只需将当前 this. data. chooseFiles 所保存的图片地址存入数据库，并重新渲染评论列表即可。

首先，在 post-comment. js 中修改 submitComment 方法，在原来的基础上添加关于图片发送的内容，代码示例如下：

```
//提交评论
submitComment(event) {
  //获得图片信息
  var imgs = this.data.chooseFiles;
  var newData = {
    username: "爱微笑的程序猿",
    avatar: "/images/avatar/avatar- 1.png",
```

```
create_time: new Date().getTime() / 1000,
//评论内容
content: {
  txt: this.data.keyboardInputValue,
  img: imgs
}
}
if (!newData.content.txt && imgs.length === 0) {
  //如果没有评论内容,就不执行
  return;
}
//保存新评论到缓存数据库中
let postId = this.data._postId;
this.postDao.saveComment(postId, newData);
//反馈操作结果
this.showCommitSuccessToast();

//重新绑定评论数据
this.bindCommentData();
//清空评论输入框内容,同时初始化输入的状态
this.resetAllDefaultStatus();
},
```

上面代码示例中,加粗代码为新添加的代码。在修改的内容中,首先获取图片信息,然后赋值到评论内容对象 content 中,这样 newData 中不仅包含文本内容,还包含图片内容。

在发送图片评论后,同时要清空已选择的图片,因此修改初始化方法 resetAllDefaultStatus 方法,代码示例如下:

```
//清空评论输入框内容,同时初始化输入的状态
resetAllDefaultStatus() {
  this.setData({
    keyboardInputValue: '',
    chooseFiles: [],
    sendMoreMsgFlag: false
  });
},
```

相比之前只设置了 keyboardInputValue 变量,这里还重置了 chooseFile 变量和 sendMoreFlag 变量。

保存代码,运行测试,在评论的内容中输入评论内容和选择图片,单击"发送"按钮,效果如图 4-19 所示。

4.4.2.10 实现语音消息的发送

目前为止,已经完成了文字和图片评论的发送功能,接下来学习如何发送语音评论。

发送语音评论的操作过程:

(1)切换到语音发送状态。

图 4-19 添加图文评论效果

（2）长按"按住说话"按钮。

（3）用户说话。

（4）松开"按住说话"按钮，语音消息自动发送。

基于上面的分析，要实现语音发送的功能，关键是按住和松开这两个动作，在小程序中分别对应 touchstart 和 touchend 事件，因此需要在"按住说话"按钮上注册对应的处理方法，代码示例如下：

```
<view hidden="{{useKeyboardFlag}}" class="input-item">
    <image src="/images/icon/wx_app_keyboard.png" class="comment-icon keyboard-icon" catchtap="switchInputType"></image>
    <input class="input speak-input {{recodingClass}}" value="按住说话" disabled="disabled" catchtouchstart="recordStart" catchtouchend="recordEnd" />
</view>
```

分别注册了 recordStart 方法和 recordEnd 方法来处理发送语音的这个事件。

对于微信小程序中处理语音的 API 的使用，首先需要调用 wx. getRecorderManager 获取全局唯一的录音管理器 RecorderManager 对象，其对象主要方法如下：

● RecorderManager. start(Object object)，开始录音。

● RecorderManager. stop()，停止录音。

● RecorderManager. onStart(function callback)，监听录音开始事件。

● RecorderManager. onStop(function callback)，监听录音结束事件。

对这个 API 有了基本的了解之后，接下来实现语音发送的功能。首先需要为 Page 对象的 data 属性添加_recorderManager 变量，然后通过 onLoad 方法获得此对象，代码示例如下：

```
//获得录音对象
this.data._recorderManager = wx.getRecorderManager();
```

接下来需要处理 touchstart 和 touchend 事件对应的两个方法，代码示例如下：

```
//开始录音
recordStart(event) {
//设置录音样式
this.setData({
  recodingClass: ' recoding'
});
//使用新的 API 方式实现
const recorderManager = this.data._recorderManager;
recorderManager.start();
},
```

按住录音按钮后，将执行 recordStart 方法，方法中首先绑定了 recodingClass，这个变量将改变录音按钮的样式，使其变成正在录制的样式，同时调用 recoderManager 的 start 方法开始录音。

```
//结束录音
recordEnd() {
 this.setData({
  recodingClass: ' '
 });
 const recorderManager = this.data._recorderManager;
 recorderManager.stop();
},
```

使用 recordEnd 方法结束录音，其与处理录音逻辑相反，首先绑定了 recodingClass 为空，然后执行 recorderManager 的 stop 方法停止录音。

由于需要处理录音的监听方法，将其封装到一个公有的监听器中，因此，还需要在 on-Load 方法中加入如下代码：

```
//录音监听
this.setRecoderMonitor();
```

在监听器中，分别处理录音开始与录音结束的业务逻辑，具体代码示例如下：

```
//录音监听
setRecoderMonitor() {
 const recorderManager = this.data._recorderManager;
 //录音开始触发
 recorderManager.onStart(() => {
  console.log(' recorder start' );
  this.startTime = new Date();
 })

 //录音结束触发
 recorderManager.onStop((res) => {
  console.log(' recorder stop' , res)
  this.endTime = new Date();
  let diff = (this.endTime - this.startTime) / 1000;
  diff = Math.ceil(diff);
  this.submitVoiceComment({
   url: res.tempFilePath,
   timeLen: diff
  });
 })
},
```

在录音开始时，记录开始时间戳，在录音结束时，处理发布录音的业务。这里需要注意，定义 this. startTime 和 this. endTime 两个变量分别记录录音开始时间和结束时间，使用 this 的方式定义为 Page 对象属性，这样方便在其他方法中进行引用。

在录音结束后，执行 this. submitVoiceComment 方法提交录音内容，其代码示例如下：

```
//提交录音
 submitVoiceComment(audio) {
  let newData = {
   username: "艾薇",
   avatar: "/images/avatar/avatar-3.png",
   create_time: new Date().getTime() / 1000,
   //评论内容
   content: {
    txt: '',
    img: [],
    audio: audio
   }
  }
  //保存新评论到缓存数据库中
  let postId = this.data._postId;
  this.postDao.saveComment(postId, newData);
  //反馈操作结果
  this.showCommitSuccessToast();
  //重新绑定评论数据
  this.bindCommentData();
 },
```

提交录音的方法与文字及图片相似，只是把文本和图片的内容设置为空。保存代码，运行测试，语音评论发布成功后，效果如图4-20所示。

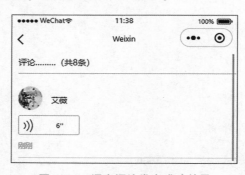

图4-20　语音评论发布成功效果

4.4.2.11　实现语音消息的播放与暂停

完成语音消息的发送功能后，接下来完成在评论列表中单击进行播放或者暂停的功能。前面的代码中已经将 catchtap = "playAudio" 这个事件注册到语音评论的组件中了，代码示例如下：

```
<view class="comment-voice" wx:if="{{item.content.audio && item.content.audio.url}}">
  <view data-url="{{item.content.audio.url}}" class="comment-voice-item" catchtap="playAudio">
   <image src="/images/icon/wx_app_voice.png" class="voice-play"></image>
     <text>{{item.content.audio.timeLen}}' ' </text>
    </view>
</view>
```

接下来实现 palyAudio 这个方法。在微信小程序中，语音的播放需要 InnerAudioContext 对象进行控制，这个对象可以通过 wx. createInnerAudioContext 获得。为了方便在整体 page 对象实例中使用此对象，同样可以用 this. data 的属性定义它。同时，使用变量 currentAudio 来控制当前正在播放的语音文件的 URL，代码示例如下：

```
data: {
  _postId: '',
  //评论
  comments: [],
  //语音输入与键盘输入标识
  useKeyboardFlag: true,
  //评论输入框内容
  keyboardInputValue: '',
  //控制是否显示图片选择面板
  sendMoreMsgFlag: false,
  //保存已经选择的图片
  chooseFiles: [],
  //被删除的图片序号
  deleteIndex: - 1,
  //录音时的样式
  recodingClass: '',
  //播放当前语音
  currentAudio: '',
  //录音对象
  _recorderManager: null,
  //获得音频播放上下文
  _innerAudioContext : null
}
```

接下来在 post-comment. js 中添加 palyAudio 方法的具体实现，代码示例如下：

```
//播放与暂停语音
playAudio(event) {
  let url = event.currentTarget.dataset.url;
  const innerAudioContext = this.data._innerAudioContext;
  if (url == this.data.currentAudio) {
    console.log("pause...");
    //暂停播放
    innerAudioContext.pause();
    this.data.currentAudio = '';
  } else {
    this.data.currentAudio = url;
    innerAudioContext.src = url;
    innerAudioContext.play();
    console.log("play...");
  }

  //音频自然播放结束
  innerAudioContext.onEnded(() => {
    console.log(' 播放完成');
    this.data.currentAudio = '';
  })
```

```
innerAudioContext.onPlay(() => {
  console.log(' 开始播放 ')
});
innerAudioContext.onStop(() => {
  console.log(' 播放停止 ')
});
},
```

上面的代码示例演示了 innerAudioContext 对象的基本使用方法，其步骤如下：

（1）获得 innerAudioContext 对象。

（2）设置 innerAudioContext 的音频资源的地址属性（这里也可以设置其他属性，详情内容查看官方文档，地址为 https://developers.weixin.qq.com/miniprogram/dev/api/media/audio/innerAudioContext.html）。

（3）调用 play 进行播放或调用 pause 暂停播放。

（4）监听音频事件。这里列举了常用的几种事件处理，需要注意的是，在音频自然播放事件中，this. data. currentAudio 变量设置为空。

保存代码，自动编译后，在真机上进行测试。如果用户是第一次使用录音功能，会弹出请求授权提示。当用户授权后，下次再使用录音功能时，就不会再弹出这个提示框。

以上完成了文章评论的全面功能实现。

━━━━━━━ ≪≪≪≪≪≪ **单元小结** ≫≫≫≫≫≫ ━━━━━━━

- 掌握小程序页面参数的传递技巧和动态设置标题。
- 掌握小程序交互反馈组件 API 的使用。
- 掌握小程序组件动画实现的两种方式。
- 掌握小程序中图片预览、图片选择、语音录制与控制相关 API 的使用。

━━━━━━━ ≪≪≪≪≪≪ **单元自测** ≫≫≫≫≫≫ ━━━━━━━

1. 微信小程序中，input 组件的属性是（　　　）。

A. value　　　　　　　B. type　　　　　　　C. password　　　　　　　D. color

2. 下列关于微信小程序动画 API 的描述，错误的是（　　　）。

A. wx. createAnimation 用于创建动画实例

B. animation. rorate 用于动画旋转

C. animation 动画对象不支持链式写法

D. animation. translate 用于动画平移

3. 下列选项中，关于小程序图片相关 API 的描述，错误的是（　　　）。

A. wx. chooseimage 表示从本地相册选择图片或者使用相机拍照

B. 在选择图片时，count 参数设置上传图片的张数，默认为 1

C. wx. previewimage 表示在新页面中全屏预览图片

D. wx. getimageinfo 可获取图片信息

4. 下列选项中，关于录音 API 中的 RecorderManager 的说法，错误的是（　　　）。

A. RecorderManager 可以通过 wx. getRecorderManager 获得多个对象

B. RecorderManager 的 start 方法和 stop 方法分别表示开始录音和停止录音

C. 如果需要在录音完成后处理业务，可以使用 RecorderManager 的 RecorderManager. onStop
（function callback）的回调函数进行处理

D. 使用 RecorderManager 进行录音时，最长录音的时间为 1 min

5. 下列选项中，微信小程序关于 innerAudioContext 的说法，正确的是（　　　）。

A. 可以使用 wx. createinnerAudioContext 方法获得全局的 innerAudioContext 对象

B. 可以通过设置 innerAudioContext 对象 url 属性来设置音频播放的地址

C. 使用 innerAudioContext. pause 方法可以暂停音频播放

D. innerAudioContext. onStop（function callback）是音频自然播放完成后停止处理的回调
函数

上机实战

上机目标

• 掌握小程序媒体相关的 API 的使用。

• 进一步完善文章详情页面的功能。

上机练习

◆第一阶段◆

练习 1：基于本单元任务案例，完成文章阅读计算功能，其完成效果如图 4-21 所示。

图 4-21　文章列表中显示文章阅读次数截图效果

【问题描述】

（1）在文章列表页面显示文章阅读的计数。

（2）用户从文章列表页面进入文章详情页面，文章阅读次数增加1次。

【问题分析】

根据上面的问题描述，对文章阅读次数主要有两个功能实现：第一是读取对应文章阅读次数 readingNum 并在页面进行显示；第二是每次进入 post-detail 页面时，当前文章的阅读数量 readingNum 需要增加1次。

【参考步骤】

（1）打开微信开发者工具，选择"项目"菜单，然后选择"导入项目"，导入本单元案例。

（2）在 PostDao.js 中添加一个处理阅读数值 readingNum 加1的方法，代码示例如下：

```
//阅读数量加1次
 addReadCount(postId) {
    let postItem = this.getPostDetailById(postId);
    let postData = postItem.data;
    let postIndex = postItem.idx;
    let postAllListData = this.getAllPostData();

    //阅读数值加1
    postData.readingNum++;
    //更新文章内容
    postAllListData[postIndex] = postData;

    console.log("addReadCount...",postAllListData);
    //更新缓存数据库内容
    wx.setStorageSync(this.storageKeyName, postAllListData);
 }
```

（3）在 post-detail.js 的 onLoad 方法中调用 addReadCount 方法，代码示例如下：

```
onLoad: function (options) {
  //获得文章编号
  let postId = options.postId;
  console.log("postId:" + postId);
  this.postDao = new PostDao();
  //添加阅读数量
  this.postDao.addReadCount(postId);

  let postData = this.postDao.getPostDetailById(postId);
  console.log("postData", postData);
  this.setData({
    post: postData.data
  });
  //创建动画
  this.setAniation();
},
```

完成以上代码后，每次单击进入文章详情页面，阅读数量都会加1。需要注意的是，再返回文章阅读列表页面时，阅读数量并没有更新，当刷新项目或下次进入文章列表页面时，文章对应的阅读数量将会被更新。

◆第二阶段◆

练习2：基于文章评论功能，修改代码，实现将评论的用户信息与当前授权用户进行关联，而不要使用硬编码的方式。真机测试效果如图4-22所示。

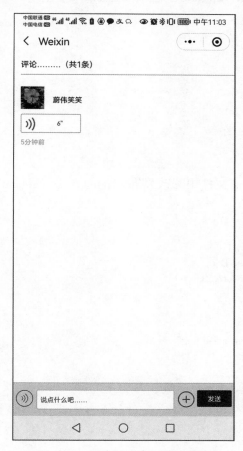

图4-22　语音评论真机测试效果

【问题描述】

用户完成文章评论内容的输入，发布评论成功后，用户信息显示当前授权用户信息。

【问题分析】

根据上面的问题描述，评论发布newData变量中，username属性和avatar属性与当前授权用户信息进行关联。

【参考步骤】

（1）打开微信开发者工具，选择"项目"菜单，然后选择"导入项目"，导入本单元案例。

（2）在dao目录中添加一个UserDao.js用户，专门处理用户的数据，获得当前用户对象方法，代码示例如下：

```
class UserDao {
 constructor() {
  this.storageKeyName = ' userInfo' ;
 }
 //获得当前用户对象
 getCurrentUser(){

   let userInfo = wx.getStorageSync(this.storageKeyName);
   if(userInfo != null){
      return userInfo;
   }
 }
}


//通过 ES6 语法导出模块
export {
 UserDao
}
```

（3）在 post-comment.js 文件中修改发布评论的方法（submitVoiceComment）的业务逻辑，代码示例如下：

```
//提交录音
 submitVoiceComment(audio) {
  let userDao = this.data._userDao;
  let userInfo = userDao.getCurrentUser();

  let newData = {
   // username: "笑笑",
   // avatar: "/images/avatar/avatar-3.png",
   username:userInfo.nickName,
   avatar:userInfo.avatarUrl,
   create_time: new Date().getTime() / 1000,
   //评论内容
   content: {
    txt: ' ',
    img: [],
    audio: audio
   }
  }
  //保存新评论到缓存数据库中
  let postId = this.data._postId;
  this.postDao.saveComment(postId, newData);
  //反馈操作结果
  this.showCommitSuccessToast();

  //重新绑定评论数据
  this.bindCommentData();
 }
```

需要注意的是，使用 UserDao 对象时，需要在 post-comment.js 中先导入，然后用 onLoad 方法进行实例化对象。

◆第三阶段◆

练习 3：完成小程序照片选择案例，其功能实现包含照片选择、照片删除、照片保存，效果如图 4-23 所示。

【问题描述】

根据上文描述，案例任务要求包含三个功能，即照片的选择、照片的删除、照片保存到本地缓存。其具体要求如下。

（1）案例初始化页面仅显示选择的图片，效果如图 4-24 所示。

图 4-23　案例完成效果　　　　　　　图 4-24　案例初始化页面效果

（2）用户可以选择本地照片或拍照，照片的选择数量最多为 9 张。选择照片后，页面显示所选照片的效果，同时出现"保存图片信息"按钮。

（3）单击图片右上角的删除图标，可以删除对应的照片。

（4）单击"保存图片信息"按钮，保存图片信息到本地缓存。

【问题分析】

根据问题描述，其功能实现与文章评论的图片处理功能类似，具体步骤可以参考本单元任务四中"实现图片与照片的选择"和"删除已经选择的图片"两个任务实施的具体实现步骤。

单元五

背景音乐与页面分享

 课程目标

知识目标

❖实现文章详情页面背景音乐功能

❖实现文章的页面分享到微信群和朋友圈的功能

技能目标

❖掌握小程序背景音乐播放的 API 的使用

❖掌握小程序页面分享到微信群和朋友圈相关 API 的使用

素质目标

❖具有良好的技能知识拓展能力

❖具有专业的程序分析与设计、编码能力

❖养成爱岗敬业、无私奉献的职业精神

简　介

在上一单元中，完成了文章评论的相关功能，本单元将继续完善文章详情页面的功能。在实际的应用场景中，有很多使用音乐背景播放和内容分享的功能，本单元将学习关于小程序背景音乐播放的相关 API，利用这些 API 来实现多个页面的背景音乐功能；同时，也学习小程序关于页面分享相关的 API，使用这些 API 来实现将文章分享到微信群和朋友圈的相关功能。

5.1　完成多页面背景音乐播放

5.1.1　任务描述

5.1.1.1　任务需求

在上一单元中的文章评论功能实现中，学习了小程序中关于图片和音频的 API 的使用，在本任务中，将继续学习背景音频的 API 的使用，并完成多页面背景音乐的播放相关功能。

5.1.1.2　效果预览

完成本任务后，进入每一个文章的详情页面，都可以看到如图 5-1 所示的效果。

单击文章图片中间的音乐播放按钮，背景音乐开始播放，同时，播放图片切换为暂停按钮，并且文章图片切换为背景音乐封面图片，其效果如图 5-2 所示。

图 5-1　实现背景音乐功能文章页面

图 5-2　背景音乐播放时页面效果

5.1.2 知识学习

微信小程序背景音频的 API 使用

在微信小程序中音乐播放的 API 的使用方式与音频的 API 的使用比较相似，基本分为三个步骤：

（1）通过 wx. BackgroundAudioManager 方法获得一个背景音频的管理对象。

（2）设置 BackgroundAudioManager 的属性和调用方法进行背景音乐的控制。

BackgroundAudioManager 对象常用的属性为：

● string src 音频的数据源（2.2.3 节开始支持云文件 ID）。默认为空字符串，当设置了新的 src 时，会自动开始播放。目前支持的格式有 m4a、aac、mp3、wav。

● string title 音频标题，用于原生音频播放器音频标题（必填）。原生音频播放器中的分享功能分享出去的卡片标题，也将使用该值。

● string coverImgUrl 封面图 URL，用于做原生音频播放器背景图。原生音频播放器中的分享功能分享出去的卡片配图及背景也将使用该图。

常用的方法为：

● BackgroundAudioManager. play（）播放音乐。

● BackgroundAudioManager. pause（）暂停音乐。

● BackgroundAudioManager. stop（）停止音乐。

（3）通过监听回调方法对业务进行控制。

常用监听回调方法为：

● BackgroundAudioManager. onPlay（function callback）监听背景音频播放事件。

● BackgroundAudioManager. onPause（function callback）监听背景音频暂停事件。

● BackgroundAudioManager. onStop（function callback）监听背景音频停止事件。

● BackgroundAudioManager. onEnded（function callback）监听背景音频自然播放结束事件。

5.1.3 任务实施

5.1.3.1 实现单页面背景音乐播放

当用户进入文章详情页面后，页面上有一个播放音乐的开关，位于文章详情页面头部的中部，当用户单击开关时，背景音乐开始播放，再次单击开关，音乐暂停播放。如果用户退出当前页面，背景音乐自动停止。这是将要实现的单页背景音乐播放的业务需求。

首先在文章的详情页面添加一个音乐播放的开关。需要在 post-detail. wxml 中添加以下代码：

```
<!--音乐播放开关-->
<image catchtap = "onMusicTap" class = "music" src = " {{isPlayingMusic? ' /images/icon/wx _ app _ music _ stop. png' :' /images/icon/wx_app_music_start. png' }}">
</image>
```

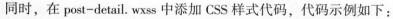

同时，在 post-detail. wxss 中添加 CSS 样式代码，代码示例如下：

```
/*音乐播放 */
.music {
  width: 110rpx;
  height: 110rpx;
  position: absolute;
  left: 50%;
  margin-left: -51rpx;
  top: 180rpx;
  opacity: 0.9;
}
```

在 post-detail. js 的 data 变量中添加一个新的属性变量 isPlayingMusic 作为音乐播放的状态，代码示例如下：

```
data: {
  //文章详情对象
  post: {},
  //音乐是否播放标签
  isPlayingMusic: false,
}
```

保存代码，自动编译，运行后，文章详情页面将出现一个音乐播放的图片，如图 5-3 所示。

图 5-3　加入背景音乐播放开关文章详情页面

接下来实现具体播放与暂定的业务，需要在播放开关的注册方法 OnMusicTip 中实现具体业务。基于之前对 API 的基本使用的了解，需要在页面的 onLoad 方法中获取背景音乐管理对象 BackGroundAudioManger，同时，在 data 属性中添加对应属性，以方便后面使用，代码示例如下：

```
data: {
//文章详情对象
post: {},
//音乐是否播放标签
isPlayingMusic: false,
//背景音乐播放管理器
_backGroundAudioManger：null,
//音乐对象
_palyingMusic：null
}
```

注意，加粗的代码中分别定义了音乐播放管理对象和音乐对象。

与之前的业务实现逻辑相同，当前背景音乐的数据也是来自本地缓存数据库。每一个文章对象对应有一个背景音乐属性，保存对应音乐相关的信息。其数据结构如下：

```
{
date: "February 9 2023",
title: "2023LPL 春季赛第八周最佳阵容",
postImg: "/images/post/post1.jpg",
avatar: "/images/avatar/2.png",
content: "2023LPL 春季赛第八周最佳阵容已经出炉,请大家一起围观...",
readingNum: 23,
collectionStatus: true,
collectionNum: 3,
commentNum: 0,
author: "游戏达人在线",
dateTime: "24 小时前",
detail: "2023LPL 春季赛第八周最佳阵容:上单——EDG.Ale、打野——EDG.Jiejie、中单——LNG.Scout、
ADC——WE.Hope、辅助——RNG.Ming。第八周 MVP 选手——EDG.Jiejie,第八周最佳新秀——LGD.Xi-
aoxu。",
upNum: 11,
upStatus: false,
postId: 1,
music: {
url: "http://music.163.com/song/media/outer/url? id＝1372060183.mp3",
title: "空-徐海俏",
coverImg: "https://y.gtimg.cn/music/photo_new/T002R300x300M000002sNbWp3royJG_1.jpg? max_age＝
2592000",
},
}
```

需要注意的是，这里对应的音乐是一个在线音乐 URL，需要确保这个 URL 是可以使用的。

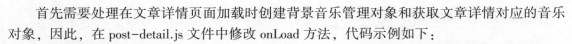

　　首先需要处理在文章详情页面加载时创建背景音乐管理对象和获取文章详情对应的音乐对象，因此，在 post-detail.js 文件中修改 onLoad 方法，代码示例如下：

```
onLoad(options) {
    //获得文章编号
    let postId = options.postId;
    console.log("postId:" + postId);
    let postData = postDao.getPostDetailById(postId);
    let post = postData.data;
    console.log(' postData' , postData)
    this.setData({
      post: postData.data
    })
    // 创建动画
    this.setAniation();

    //获取背景音乐播放器
    this.data._backGroundAudioManger = wx.getBackgroundAudioManager( ) ;
    //获得音乐对象
    this.data._palyingMusic = post.music ;
},
```

　　加粗的代码为新增加的代码。

　　接下来在 onMusicTap 方法中实现背景音乐的播放与暂定操作，代码示例如下：

```
//播放音乐或暂停音乐
onMusicTap(event) {
    //获取背景音乐管理器
    const backGroundAudioManger = this.data._backGroundAudioManger;
    //获得音乐
    const playMusic = this.data._playingMusic;
    console.log("playMusic",playMusic);
    //如果正在播放
    if (this.data.isPlayingMusic) {
      backGroundAudioManger.pause();
    } else {
    //设置音乐属性
      backGroundAudioManger.title = playMusic.title;
      backGroundAudioManger.src = playMusic.url;
      backGroundAudioManger.coverImgUrl = playMusic.coverImg;
      backGroundAudioManger.play();
    }
    this.setData({
      isPlayingMusic: ! this.data.isPlayingMusic
    });
```

　　上面的代码示例中，通过对 isPlayingMusic 的状态进行判断，如果正在播放，调用 backGroundAudioManger. pause 暂停播放，否则，设置音乐属性，调用 backGroundAudioManger. play 播放音乐，最后进行数据绑定，更新音乐开关的状态显示。

　　保存代码，自动编译，运行代码，控制台报错，提示内容如图 5-4 所示。

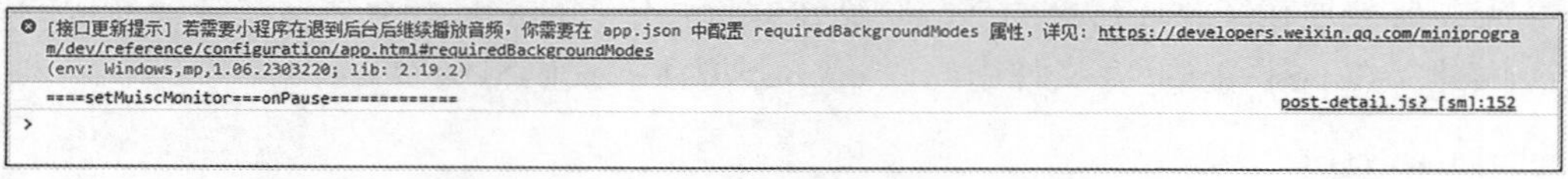

⊗ [接口更新提示] 若需要小程序在退到后台后继续播放音频, 你需要在 app.json 中配置 requiredBackgroundModes 属性, 详见: https://developers.weixin.qq.com/miniprogra
m/dev/reference/configuration/app.html#requiredBackgroundModes
(env: Windows,mp,1.06.2303220; lib: 2.19.2)

====setMuiscMonitor===onPause=============   post-detail.js? [sm]:152

图 5-4　背景音乐播放控制错误提示

基于控制台的错误提示，需要在 app.json 中配置一个属性，在 app.json 配置文件中添加如下代码：

```
{
  "pages": [
    "pages/welcome/welcome",
    "pages/posts/posts",
    "pages/index/index",
    "pages/logs/logs",
    "pages/post- detail/post- detail",
    "pages/post- comment/post- comment"
  ],
  "window": {
    "backgroundTextStyle": "light",
    "navigationBarBackgroundColor": "#fff",
    "navigationBarTitleText": "Weixin",
    "navigationBarTextStyle": "black"
  },
  "requiredBackgroundModes": [
    "audio",
    "location"
  ],
  "style": "v2",
  "sitemapLocation": "sitemap. json"
}
```

加粗代码为添加的新代码。保存代码，自动编译后，音乐可以正常播放。除了在本页可以正常播放，还可以切换到其他文章详情页面中播放其他歌曲。当播放新歌曲时，上一首歌曲将自动停止。无论如何操作页面，只要小程序不退出，音乐就不会停止。进行如下测试：

（1）进入文章 A 的详情页面，单击音乐图标播放音乐。

（2）返回文章列表页面。

（3）随后再次进入文章 A 的详情页面。

这时发现，A 的详情页面音乐正在播放，但音乐播放的图标却是未播放状态。

基于页面的生命周期的知识点进行分析，当从文章 A 详情页面退出后，A 页面执行 unload 对当前 page 实例进行销毁，因此，A 详情页面所对应的变量都将"消失"；但微信小程序中的背景音乐是全局行为，不会因为当前页面 unload 掉就停止播放。当再次进入 A 页面时，isPlayingMusic 变量将被初始化为 false，而音乐却还在播放，这样就造成了音乐播放图标状态不对的问题。

一个简单的解决方案是，当从文章详情页面返回到文章列表页面时，主动关闭音乐，代码示例如下：

```
/**
*生命周期函数--监听页面卸载
*/
onUnload() {
 console.log("post-detail:onUnload.....");
 const backGroundAudioManger = this.data._backGroundAudioManger;
 backGroundAudioManger.stop(); //停止音乐播放
 this.setData({
  isPlayingMusic: false
 });
},
```

在 post-detail 页面的 onUnload 方法中主动关闭当前音乐播放，并设置 isPlayingMusic 状态为 false，这样就解决了页面标签与逻辑不一致的问题。

以上实现了单页面背景音乐基本的播放功能。

5.1.3.2　实现背景音乐监听

当背景音乐播放时，在模拟器的下方出现音乐播放控制面板，如图 5-5 所示。

图 5-5　背景音乐播放控制面板

当使用控制面板对音乐的播放与暂定进行控制时，就会发现页面中的播放开关图标不能进行同时修改。并且当一首歌曲播放完毕后，音乐图标也应该恢复未播放的状态，但是实际情况并不是这样。基于前面使用音频的 API 的经验，可以使用音乐监听的方式进行处理。

在 post-detail.js 中添加一个 setMusicMonitor 方法，该方法对背景音乐的各种状态进行监听，代码示例如下：

```
//音乐监听
 setMusicMonitor() {
  console.log("=====音乐监听开始========")
  //获取背景音乐管理器
  const backGroundAudioManger = this.data._backGroundAudioManger;
  //音乐停止监听
  backGroundAudioManger.onStop(() => {
   console.log("====setMusicMonitor===onStop=============");
   this.setData({
    isPlayingMusic: false
   });
  });

  //音乐播放监听
```

```
backGroundAudioManger.onPlay(() => {
  console.log("====setMusicMonitor===onPlay=============");
  this.setData({
    isPlayingMusic: true
  });
});
//音乐播放监听
backGroundAudioManger.onPause(() => {
  console.log("====setMusicMonitor===onPause=============");
  this.setData({
    isPlayingMusic: false
  });
});

//音乐自然播放结束
backGroundAudioManger.onEnded(() => {
  console.log("====setMusicMonitor===onEnded=============");
  this.setData({
    isPlayingMusic:false
  });
});
},
```

上面的代码中，分别对音乐的播放、暂定、停止以及自然播放完毕结束进行监听，并设置 isPlayingMusic 的状态值。需要注意的是，当音乐自动播放完成后，需要通过 onEnded 进行监听，不能通过 onStop 方法进行监听。onStop 方法主要在执行 stop 方法停止时进行调用。

接下来在 onLoad 方法中调用 setMusicMonitor 方法，代码示例如下：

```
/**
 *生命周期函数--监听页面加载
 */
onLoad: function (options) {
  //获得文章编号
  let postId = options.postId;
  console.log("postId:" + postId);
  this.postDao = new PostDao();
  //添加阅读数量
  this.postDao.addReadCount(postId);
  let postData = this.postDao.getPostDetailById(postId);
  let post = postData.data;
  console.log("postData", postData);
  this.setData({
    post:post
  });
  //创建动画
  this.setAniation();
```

```
//获取背景音乐播放器
this.data._backGroundAudioManger = wx.getBackgroundAudioManager();
//获得音乐对象
this.data._playingMusic = post.music;
//设置音乐监听器
this.setMusicMonitor();
},
```

加粗代码为新添加的代码。

保存代码，自动编译，运行，刚才测试的 Bug 已经完全解决。

5.1.3.3　实现全局音乐播放

在前面的内容中，已经实现了单页音乐的播放，但这种音乐播放体验并不是很好，用户不能实现全局音乐的播放，接下来将实现全局背景音乐播放，即完成多页面背景音乐播放功能。

分析之前的代码逻辑，使用一个 Page 级别的变量 isPlayingMusic 来控制音乐播放的状态，当页面销毁后，变量丢失了，因此，解决这个问题的思路是提供一个全局变量来记录音乐播放的状态。这个全局变量和页面无关，这样，变量的生命周期就可以和音乐播放的生命周期在同一个级别了。可以在 app.js 中添加相关变量，代码示例如下：

```
globalData: {
// globalMessage : "I am global data",
//全局控制背景音乐播放状态
g_isPlayingMusic: false,
//全局控制当前音乐编号
g_currentMusicPosId:null
}
```

上面的代码示例中，在 App 的 Object 对象中添加了一个 globalData 对象，这个对象用来记录整体项目的全局变量，然后在 globalData 对象下添加一个全局音乐控制状态变量g_isPlayingMusic，初始化状态为 false。同时添加一个记录当前播放的音乐文章编号的全局变量g_currentMusicPostId。

设置了全局变量，就要使用它。需要在 post-detail.js 中获取设置的 g_isPlayingMusic 变量，在 post-detail.js 中添加代码示例如下：

```
//获得 App 对象
const app = getApp();
```

小程序提供了一个全局方法 getApp()，用于获取小程序的 App 对象，这样在页面位置就可以使用 app.globalData 来访问全局变量了。

为了修改为全局的背景应用，首先需要使用 post-detail.js 中的 onUnload 函数对停止音乐播放的相关代码进行注释。

接着在每一次音乐播放状态改变时，将改变的状态更新保存到全局 app.globalData.g_isPlayingMusic 变量。修改 onMusicTap 方法，代码示例如下：

```
//播放音乐或暂停音乐
onMusicTap(event) {
  //获取背景音乐管理器
  const backGroundAudioManger = this.data._backGroundAudioManger;
  //获得音乐
  const playMusic = this.data._playingMusic;
  console.log("playMusic", playMusic);
  //如果正在播放
  if (this.data.isPlayingMusic) {
    backGroundAudioManger.pause();
    app.globalData.g_isPlayingMuisc = false;
  } else {
    //设置音乐属性
    backGroundAudioManger.title = playMusic.title;
    backGroundAudioManger.src = playMusic.url;
    backGroundAudioManger.coverImgUrl = playMusic.coverImg;

    backGroundAudioManger.play();
  }

  this.setData({
    isPlayingMusic: ! this.data.isPlayingMusic
  });

  app.globalData.g_isPlayingMusic = true;
  //保存当前文章编号到全局变量中
  app.globalData.g_currentMusicPosId = this.data.post.postId;
},
```

从上面的代码示例中，加粗代码为新添加的代码。当音乐播放暂停时，修改全局变量
g_isPlayingMusic 为 false，否则，为 true。同时，把当前文章编号记录到另外一个全局变量
g_currentMusicPostId 中。

既需要进行音乐监听，也需要更新全局音乐播放的状态，代码示例如下：

```
//音乐监听
setMusicMonitor() {
  console.log("===== 音乐监听开始 ========")
  //获取背景音乐管理器
  const backGroundAudioManger = this.data._backGroundAudioManger;

  //音乐停止监听
  backGroundAudioManger.onStop(() => {
    console.log("==== setMusicMonitor === onStop ============");
    this.setData({
      isPlayingMusic: false
    });

    app.globalData.g_isPlayingMusic = false;
```

```
});

//音乐自然播放结束
backGroundAudioManger.onEnded(() => {
  console.log("===setMusicMonitor===onEnded============");
  this.setData({
    isPlayingMusic: false
  });
  app.globalData.g_isPlayingMusic = false;
});
```

加粗代码为新添加的代码。

由于当前实现全局的音乐播放，因此，每次进入 post-detail 页面时，都应该读取 app. globalData. g_isPlayingMusic 的值，根据这个变量值来决定播放图标的显示状态。在post-detail. js 中添加一个初始化音乐图标状态的方法，代码示例如下：

```
//初始化音乐播放图标状态
initMusicStatus() {
  let currentPostId = this.data.post.postId;
  if (app.globalData.g_isPlayingMusic && app.globalData.g_currentMusicPosId === currentPostId) {
    this.setData({
      isPlayingMusic: true
    });
  } else {
    this.setData({
      isPlayingMusic: false
    });
  }
},
```

在上面代码示例中，首先需要获得当前文章编号，接着根据全局音乐状态和全局音乐对应文章编号进行判断，只有音乐是当前对应文章的音乐，以及当前的音乐状态为 false，才能修改图标状态为 true（图标为暂停状态），否则，修改为 false（图标为播放状态）。

同时，在页面的 onLoad 函数中添加 initMusicStatus 方法，代码示例如下：

```
onLoad(options) {
  //获得文章编号
  let postId = options.postId;
  console.log("postId:" + postId);
  let postData = postDao.getPostDetailById(postId);
  let post = postData.data;
  console.log(' postData', postData)
  this.setData({
    post: postData.data
  })
  //创建动画
  this.setAniation();
```

```
//获取背景音乐播放器
this.data._backGroundAudioManger = wx.getBackgroundAudioManager();
//获得音乐对象
this.data._playingMusic = post.music;
//设置音乐监听器
this.setMusicMonitor();
//初始化音乐播放状态
this.initMusicStatus();
},
```

保存代码，自动编译后运行代码，全局的音乐播放功能全部实现。

5.1.3.4 显示音乐的封面图片

为了进一步优化用户的使用体验，接下来实现在音乐播放时，文章详情页面中文章的图片随之切换为音乐的封面图；同时，当音乐暂停播放时，这个图片又将切换到文章的图片。

实现这个功能非常简单，只需要根据页面中 isPalyingMusic 音乐播放状态的控制变量，来控制 post-detail.wxml 页面文章图片显示逻辑就可以了。修改一句代码就可以实现，代码示例如下：

```
<image class="head- image" src="{{isPlayingMusic? post.music.coverImg:post.postImg}}"></image>
```

保存代码，自动编译后，运行，效果如图 5-6 所示。

图 5-6　音乐播放时的音乐封面

到目前为止，已经完成关于文章多页面背景音乐播放功能的全部内容。

5.2　完成文章分享给朋友和朋友圈

5.2.1.1　任务需求

在很多 App 中，都有把内容分享给朋友、微信群和发布内容到朋友圈的功能。在早期的微信小程序的版本中，只能实现分享给好友和群聊，不能分享到朋友圈，但新的版本已经可以支持这两个功能，本任务将实现将文章详情页面分享给朋友、微信群和分享朋友圈的功能。

5.2.1.2　效果预览

完成本任务后，进入每一个文章的详情页面，单击右上角的"分享"按钮，如图 5-7 所示。选择"发送给朋友"，可以把文章分享微信好友和微信群；选择"分享到朋友圈"，可以把文章分享到朋友圈。"分享到朋友圈"的效果如图 5-8 所示。

图 5-7　文章分享功能

图 5-8　分享文章到朋友圈效果

微信小程序分享 API 的使用

在微信小程序页面的右上角有"分享"按钮，如图 5-9 所示。

如果没有在当前页面注册对应分享的 API，那么单击"分享"按钮将出现"当前页面未设置分享"的提示，如图 5-10 所示。

图 5-9　页面分享按钮　　　　　　　　　　图 5-10　当前页面未设置分享提示

微信小程序对发送给朋友和分享到朋友圈分别提供了不同的 API，分别是：

（1）onShareAppMessage（Object object）监听用户单击页面内转发按钮（button 组件 open-type="share"）或右上角菜单"转发"按钮的行为。

onShareAppMessage 方法必须返回一个 Object 对象，这个对象可以保护以下属性：

title 转发标题，默认值：当前小程序名称。

path 转发路径，默认值：当前页面 path，必须是以/开头的完整路径。

imageUrl 自定义图片路径，可以是本地文件路径、代码包文件路径或者网络图片路径。支持 PNG 及 JPG。显示图片长宽比为 5∶4。

如果 Promise 参数存在，则以 resolve 结果为准，如果 3 s 内无结果，分享会使用上面传入的默认参数。

（2）onShareTimeline（）监听右上角菜单"分享到朋友圈"按钮的行为，并自定义分享内容（从基础库 2.11.3 开始支持）。

事件处理函数返回一个 Object，用于自定义分享内容，不支持自定义页面路径，返回内容如下：

title 自定义标题，即朋友圈列表页上显示的标题，默认值：当前小程序名称。

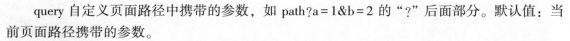

query 自定义页面路径中携带的参数，如 path?a=1&b=2 的"?"后面部分。默认值：当前页面路径携带的参数。

imageUrl 自定义图片路径，可以是本地文件或者网络图片。支持 PNG 及 JPG，显示图片长宽比是 1∶1。默认值：小程序 Logo。

5.2.3　任务实施

5.2.3.1　实现将页面分享到朋友功能

为了实现文章分享功能，首先需要在 post−detail 页面中加入对应的方法，代码示例如下：

```
/**
*用户单击右上角分享
*/
onShareAppMessage () {

},
//分享到朋友圈
onShareTimeline{

}
```

保存代码，自动编译后，运行效果如图 5−11 所示。

图 5−11　加入分享相关代码运行效果

从图 5−11 中可以看到，"发送给朋友"和"分享到朋友圈"下面文字提示替换了原来的"当前页面未设置分享"，且图片图标变为可使用状态。

接下来分别实现朋友分享与分享朋友圈的功能。根据上面对 API 的介绍，为 onShare AppMessage 方法编写代码内容，代码示例如下：

```
/**
*用户单击右上角分享
*/
onShareAppMessage() {
  let post = this.data.post;
  return {
    title: post.title,
    imageUrl: post.postImg,
    path: "/pages/post-detail/post-detail"
  }
}
```

返回的对象中，设置 title 属性为当前页面文章的标题，imageUrl 属性值为当前文章的图片，path 为当前页面的路径。保存代码，自动编译后，运行，如图 5-12 所示。

单击"发送"按钮，文章发送给朋友，并提示发送成功，如图 5-13 所示。

图 5-12　分享给朋友效果

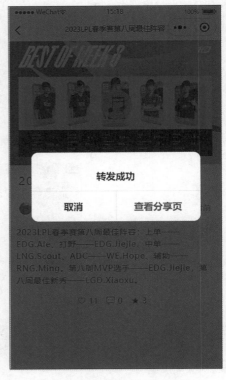

图 5-13　发送给朋友成功提示

注意，由于当前的测试环境为模拟器，所以发送的朋友为虚拟好友，如果测试为真机环境，会出现选择朋友的界面。

5.2.3.2　实现页面分享到朋友圈功能

上面的内容已经完成将文章发送给朋友功能，接下来继续完成分享到朋友圈功能。代码示例如下：

```
//分享到朋友圈
onShareTimeline () {
 let post = this.data.post;
 return {
   title: post.title,
   imageUrl: post.postImg
 }
},
```

这里仅仅设置分享的标题和图片，保存代码，自动编译后，运行效果如图 5-14 所示。

需要注意的是，小程序分享到朋友圈目前只支持 Android 手机，小程序页面默认不可被分享到朋友圈，开发者需主动设置"分享到朋友圈"。页面允许分享到朋友圈，需满足两个条件：

首先，页面需设置允许"发送给朋友"。具体可参考 Page. onShareAppMessage 接口文档。

图 5-14 分享到朋友圈效果

满足上述条件后，页面需设置允许"分享到朋友圈"，同时可自定义标题、分享图等。

用户在朋友圈打开分享的小程序页面时，并不会真正打开小程序，而是进入一个"小程序单页模式"的页面。"单页模式"有以下特点：

- "单页模式"下，页面顶部固定有导航栏，标题显示为分享时的标题；底部固定有操作栏，单击操作栏的"前往小程序"可打开小程序的当前页面。顶部导航栏与底部操作栏均不支持自定义样式。

- "单页模式"默认运行的是小程序页面内容，但由于页面固定有顶部导航栏与底部操作栏，很可能会影响小程序页面的布局。因此，开发者需特别注意适配"单页模式"的页面交互，以实现流畅、完整的交互体验。

- "单页模式"下，一些组件或接口存在一定限制。

基于微信小程序平台 API 的强大功能，已经全部完成小程序发送给朋友和分享到朋友圈的全部功能。

单元小结

- 掌握微信小程序多媒体中关于背景音频的 API 的使用。
- 实现单页面背景音乐播放。
- 监听音乐播放。
- 掌握全局变量与全局音乐播放的使用。
- 显示音乐的封面图片。
- 实现微信小程序页面发送给朋友和分享到朋友圈。

1. 微信小程序 BackgroundAudioManager 对象属性包含（　　　）。

A. src   B. title   C. coverImgUrl   D. webUrl

2. 下列选项中，属于 BackgroundAudioManager 监听方法的是（　　　）。

A. onPlay   B. onStop   C. onEnd   D. onError

3. 下列选项中，不属于 Page 回调函数的是（　　　）。

A. onLaunch（Object object）

B. onShareAppMessage（Object object）

C. onShareTimeline（）

D. onAddToFavorites（Object object）

4. 下列关于小程序背景音乐的使用，说法错误的是（　　　）。

A. 微信小程序中，通过 wx.getBackgroundAudioManager 可以获取全局唯一的背景音乐管理器对象

B. 小程序切入后台，如果音频处于播放状态，可以继续播放，但需要在 app.json 中配置 requiredBackgroundModes

C. BackgroundAudioManager 的 src 属性设置播放音乐来源，但目前只能支持本地音乐，不支持云 ID

D. 在 BackgroundAudioManager 的监听方法中，对于监听音乐自动播放完成，需要使用 BackgroundAudioManager.onEnded（function callback），不能使用 BackgroundAudio-Manager.onStop（function callback）

5. 下列关于微信小程序页面发送给朋友和分享到朋友圈的使用，说法正确的是（　　　）。

A. onShareAppMessage 表示发送给朋友或微信群，方法必须返回一个 Object 对象，这个对象可以包含属性是 title、desc、path

B. onShareTimeline 表示页面分享到朋友圈，但必须在 onShareAppMessage 使用后才能使用

C. onShareTimeline 方法功能可以同时支持 Android 和 iOS

D. onShareTimeline 的分享到朋友圈只能通过"单页模式"方式进行分享

上机目标

● 掌握微信小程序背景音频 API 的使用。

● 了解微信小程序关于 Page 对象处理页面方法的作用。

● 完善文章模块的功能。

上机练习

◆第一阶段◆

练习1：基于本单元案例，查阅文档，完成文章的收藏功能（图5-15）。

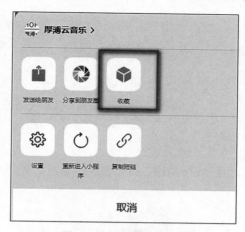

图5-15　文章收藏功能

【问题描述】

完成文章分享中的收藏功能。

【问题分析】

根据上面的问题描述，需要查阅文档，了解关于 Page 对象处理页面收藏功能的 API 的使用，基于文档提示完成文章收藏功能。

【参考步骤】

（1）查阅微信官方文档，关于 Page 对象处理页面收藏的功能介绍如图5-16所示。

onAddToFavorites(Object object)

本接口为 Beta 版本，安卓 7.0.15 版本起支持，暂只在安卓平台支持

监听用户点击右上角菜单"收藏"按钮的行为，并自定义收藏内容。

参数 Object object：

参数	类型	说明
webViewUrl	String	页面中包含web-view组件时，返回当前web-view的url

此事件处理函数需要 return 一个 Object，用于自定义收藏内容：

字段	说明	默认值
title	自定义标题	页面标题或账号名称
imageUrl	自定义图片，显示图片长宽比为 1：1	页面截图
query	自定义 query 字段	当前页面的query

图5-16　**onAddToFavorites（Object object）** 功能介绍

（2）打开微信开发者工具，选择"项目"菜单，然后选择"导入项目"，导入本单元案例。

（3）按照文档的参考示例，需要在 post-detail.js 中添加文章收藏的方法，代码示例如下：

```
//添加收藏
onAddToFavorites: function (res) {
  let post = this.data.post;
  return {
    title: post.title,
    imageUrl: post.postImg
  }
}
```

保存代码，进行测试，运行效果如图 5-17 所示，表示任务完成。

图 5-17 文章收藏功能运行效果

◆第二阶段◆

练习 2：如图 5-18 所示，完成一个厚溥云音乐小程序，其功能需要如下：

（1）完成音乐播放器首页页面效果。

（2）完成音乐播放器首页音乐播放列表。

（3）单击音乐列表进入音乐播放页面，如图 5-19 所示。

图 5-18　音乐播放器首页效果

图 5-19　音乐播放页面

（4）完成音乐播放/暂停的控制。

（5）完成控制播放下一首歌曲和上一首歌曲。

【问题描述】

根据上文描述，音乐播放器小程序的页面有音乐列表页面和音乐播放页面。在音乐列表页面主要实现音乐列表显示；在音乐播放页面实现的功能包括音乐的播放、暂停、上一首歌曲、下一首歌曲的控制，以及对应的显示效果的控制。

【问题分析】

根据问题描述，厚溥云音乐小程序的核心功能是音乐播放控制功能，这里主要需要使用微信小程序中背景音频 BackgroundAudioManager 对象，其具体实现可以参考本单元 5.1 节中实现多页面背景音乐播放功能的步骤。

◆第三阶段◆

练习 3：实现从 swiper 组件跳转到文章详情页面功能。

【问题描述】

根据上文描述，在文章列表页面单击文章的轮播图，跳转到对应文章详情页面。

【问题分析】

根据问题描述，首先需要在 data.js 中对轮播数据的数据结构进行修改，使得轮播数据的每一项与文章关联起来，然后通过事件的 dataset 方式把文章编号获取传递到文章详情页面，最后读取对应的文章数据显示到页面。

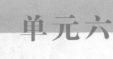

单元六

电影首页功能

🗣 课程目标

知识目标

❖完成"发现"模块与"电影"模块切换功能

❖完成电影首页功能

❖完成电影搜索功能

技能目标

❖掌握小程序选项卡与 swithTab 的使用

❖掌握自定义组件的使用

❖掌握从服务器加载数据（wx. request 发送 http/https 请求）的方法

素质目标

❖具有良好的自主学习能力与刻苦的求知精神

❖具有良好的表达能力及与人沟通的能力

❖养成爱岗敬业，有责任、有担当的良好职业素养

简　介

完成了"发现"模块的全部功能后，将进入一个新的模块——"电影"模块，其功能类似于"豆瓣影评"的小功能。与"发现"模块相比，所有的数据都来自豆瓣开发的 API。在本单元中，主要完成文章模块与电影模块的页面切换功能、电影首页功能以及电影搜索功能，通过完成这些功能，掌握在小程序中如何配置小程序的 tab 选项卡，如何使用 wx. request 方法获取服务器数据，同时，掌握在微信小程序中使用自定义组件的相关内容的方法。

通过思政内容，更深入地理解党的二十大报告中的"推进国家安全体系和能力现代化，坚决维护国家安全和社会稳定"的重要性，更好地应对大数据时代的挑战，确保国家安全和社会稳定的持续发展，守护好每一个人的个人信息安全，为国家的繁荣稳定贡献自己的力量。

6.1　完成多个模块切换功能

6.1.1　任务描述

6.1.1.1　任务需求

本任务使用小程序提供的 tab 选项卡实现不同模块之间的切换，即完成贯穿项目中"发现"模块、"电影"模块、"我的"模块三大模块的切换。

6.1.1.2　效果预览

完成本任务后，编译，运行，进入项目首页，可以看到如图 6-1 所示的效果。

图 6-1　tab 选项卡实现效果

6.1.2　知识学习

在小程序中，提供了 tab 选项卡，只需要在 app. json 中进行配置，即可实现选项卡的效果。

tab 选项卡的配置是通过在 app. json 文件中配置 tabBar 选项来实现的。在实现选项卡功能之前，先简单了解 tabBar 的配置属性，具体属性值如下。

color 类型：HexColor。描述：tab 上的文字默认颜色，仅支持十六进制颜色。

selectedColor 类型：HexColor。描述：tab 上的文字选中时的颜色，仅支持十六进制颜色。

backgroundColor 类型：HexColor。描述：tab 的背景色，仅支持十六进制颜色。

borderStyle 类型：string。描述：tabBar 上边框的颜色，仅支持 black/white。

list 类型：Array。描述：tab 的列表，最少 2 个、最多 5 个 tab。

position 类型：string。描述：tabBar 的位置，仅支持 bottom/top。

custom 类型：boolean。描述：是否自定义 tab（详情内容可以参考官方文档）。

其中，list 属性是一个数组属性，只能配置最少 2 个、最多 5 个 tab。tab 按数组的顺序排序，每一项都是一个对象，其属性值如下：

pagePath 类型：string。描述：页面路径，必须在 pages 中先定义。

text 类型：string。描述：tab 上的按钮文字。

iconPath 类型：string。描述：图片路径，icon 大小限制为 40 kb，建议尺寸为 81 px×81 px，不支持网络图片。当 position 为 top 时，不显示 icon。

selectedIconPath 类型：string。描述：选中时的图片路径，icon 大小限制为 40 kb，建议尺寸为 81 px×81 px，不支持网络图片。

当 position 为 top 时，不显示 icon。

其具体的属性使用方法如图 6-2 所示。

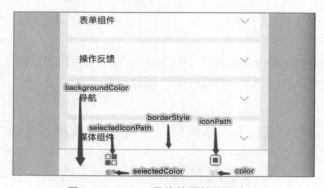

图 6-2　tabBar 具体的属性使用方法

6.1.3　任务实施

对微信小程序的 tab 选项卡有了基本的了解，接下来将通过配置 app.json 文件中的 tab 选项卡来实现项目模块切换功能，其主要实现步骤如下：

（1）添加新的页面（这里需要添加"电影"和"我的"两个页面文件）。

在配置 tab 选项卡之前，需要新建两个页面，即"电影"页面（movies）和"我的"页面（profile）。完成后，项目 pages 的文件目录如图 6-3 所示。

同时，为了更好地区别不同模块，需要在不同页面的 .json 配置文件中配置模块的页面标题名称，例如，在 posts.json 文件中添加相关配置，代码示例如下：

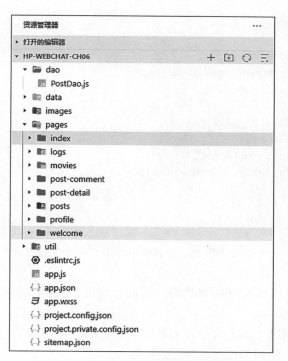

图 6-3　添加新页面后项目的目录结构

```
{
 "usingComponents": {},
 "navigationBarTitleText": "发现"
}
```

（2）添加配置。

在 app. json 中配置 tabBar 属性，代码示例如下：

```
"tabBar": {
  "borderStyle": "white",
  "selectedColor": "#4A6141",
  "color": "#333",
  "backgroundColor": "#fff",
  "position": "bottom",
  "list": [
    {
      "pagePath": "pages/posts/posts",
      "text": "发现",
      "iconPath": "images/icon/blog.png",
      "selectedIconPath": "images/icon/blog-actived.png"
    },
    {
```

```
        "pagePath": "pages/movies/movies",
        "text": "电影",
        "iconPath": "images/icon/movie.png",
        "selectedIconPath": "images/icon/movie-actived.png"
      },
      {
        "pagePath": "pages/profile/profile",
        "text": "我的",
        "iconPath": "images/icon/profile.png",
        "selectedIconPath": "images/icon/profile-actived.png"
      }
    ]
  },
```

需要注意的是，对于 list 属性配置，pagePath 配置的页面必须存在，同时，配置路径时，不需要在路径前加 "/" 符号。

由于 tab 选项卡在切换时有两种状态，因此，在准备图标文件时，需要准备两个图标文件。

保存代码，进行测试。单击欢迎页面中的 "开启小程序之旅"，页面没有任何反应，同时控制台也没有任务报错的信息。

（3）修改页面路由调整的方式。

在前面的单元中，使用了 navigateTo 方法和 redirectTo 方法实现页面路由跳转，但如果页面配置了 tabBar，页面跳转效果就会失效，这里需要使用小程序的 wx. switchTab（Object object）方法，其方法的功能是跳转到 tabBar 页面，并关闭其他所有非 tabBar 页面。其 Object 参数的使用与前面介绍的两种路由方法基本一样。修改 welcome. js 文件的 goToPostPage 方法，代码示例如下：

```
//处理页面跳转函数
goToPostPage: function (event) {
 // switchTab 跳转到应用内的某个页面
 wx.switchTab({
  url: '../posts/posts',
  success: function () {
   console.log("gotoPost Success!");
  },
  fail: function () {
   console.log("gotoPost fail!");
  },
  complete: function () {
   console.log("gotoPost complete!");
  }
 })
```

保存代码，自动编译，重新运行，可以通过单击 "发现" "电影" "我的" 选项卡进行页面跳转，效果如图 6-4 所示。

在实际使用场景中，tab 选项卡除了在页面底部，还可以通过配置 position 属性为 "top" 来设置在页面的顶部，修改 app. json 的 tabBar 配置，运行效果如图 6-5 所示。

图 6-4　tab 选项卡实现效果

图 6-5　tab 选项卡在顶部的运行效果

需要注意的是，当 tab 设置在顶部显示时，选项卡的小图标就无法显示了。

至此，完成了项目中多模块的切换功能。

6.2　完成电影首页功能

6.2.1　任务描述

6.2.1.1　任务需求

本小节的任务是完成电影模块的电影首页显示功能。在电影模块中，有以下几个展示内容：

（1）电影首页展示 "正在热映" "即将上映" "豆瓣 Top250" 3 种类型的电影，每种类型的电影只展示最前面 3 部。

（2）每种电影有一个 "更多" 按钮，单击将打开一个新页面，展示该类型所有的电影。

（3）单击任意一部电影，将打开电影详情页面。

（4）在电影首页支持对电影的搜索功能。

完成电影模块的显示功能后，需要使用微信小程序自定义组件相关技术点以及如何使用第三方自定义组件。同时，电影模块的数据都是来自豆瓣电影开放的 API，因此，还需要使用微信小程序 wx. request 的 API。

6.2.1.2　效果预览

完成本任务后，编译，运行进入电影首页，可以看到如图 6-6 所示效果。

图 6-6　电影首页页面显示效果

6.2.2　知识学习

6.2.2.1　自定义组件的定义与使用

在前面的单元中，使用小程序中的模板技术点来解决重复使用一个模块内容的问题，但小程序的模块有一个缺陷，即只能完成元素和样式的模块化，不能把 JS 逻辑进行模块化。从小程序 1.63 版本开始，就支持简洁的组件化编程。开发者可以将页面内的功能模块抽象成自定义组件，以便在不同的页面中重复使用；也可以将复杂的页面拆分成多个低耦合的模块，有助于代码维护。自定义组件在使用时与基础组件非常相似。

在电影首页中，电影显示内容、电影的评分内容、整体"正在热映"列表等在不同位置重复使用，可以进行拆分，并进行自定义组件。

基于对电影首页的功能分析，可以把电影的显示与逻辑构建成一个独立的组件。一个电影主要分为三部分内容，分别是电影标题、电影图片、电影的评分，接下来一步步实现电影

movie 自定义组件的构建。实现步骤如下：

1. 创建组件文件

为了对项目中的组件的统一管理，首先新建一个关于组件的目录"components"，然后定义电影 movie 组件目录"movie"。接下来通过小程序开发工具新建 movie 组件，操作如图 6-7 所示。

新建 Component 和新建 Page 相似，微信开发者工具会自动生成对应的文件结构，如图 6-8所示。

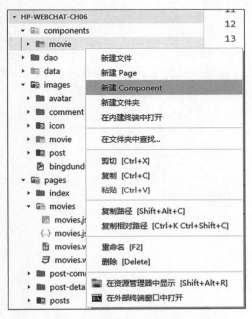

图 6-7 新建 movie 组件

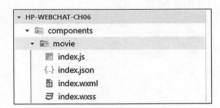

图 6-8 组件对应的文件结构

每一个自定义组件中包含 JS 文件、JSON 文件、WXML 文件、WXSS 文件，文件的作用和页面文件一致。推荐的命名规则是组件内的文件都使用 index 的文件名，但这不是强制的。

2. 编写组件元素内容和样式

自定义组件的展示与页面一样，需要自定义显示的内容和显示的样式，接下来在 movie 组件的 index. wxml 文件中添加电影显示的内容。代码示例如下：

```
<!--自定义电影 movie 组件 -->
<view class="movie-container">
 <!--电影图片 -->
 <image class="movie-img" src="{{movie.movieImagePth}}"></image>
 <!--电影标题 -->
 <text class="movie- title">{{movie.title}}</text>
 <!--电影评分 -->
 <view class="rate-container">
```

```
    <view class="stars">
      <image src="/images/icon/wx_app_star.png"></image>
      <image src="/images/icon/wx_app_star.png"></image>
      <image src="/images/icon/wx_app_star.png"></image>
      <image src="/images/icon/wx_app_star.png"></image>
      <image src="/images/icon/wx_app_star@half.png"></image>
    </view>
    <text class="score">9.5</text>
  </view>


</view>
```

整个电影组件主要包含电影图片、电影标题、电影评分 3 个部分。需要注意的是，电影图片和电影标题引用电影 movie 组件的属性，index.js 的代码示例如下：

```
// components/movie/movie.js
Component({
  /**
   *组件的属性列表
   */
  properties: {

    //定义属性
    movie:Object
  },

  /**
   *组件的初始数据
   */
  data: {

  },

  /**
   *组件的方法列表
   */
  methods: {
  }
})
```

在创建组件文件时，工具自动为我们生成组件 JS 的代码核心内容。组件包含组件属性列表、组件的初始化数据和组件方法列表。这里注意加粗代码，为 movie 组件添加一个 movie 属性，类型为 Object。在 index.wxml 中，movie.movieImagePath 就是引用此属性的内容，至于 movie 对象，使用 movieImagePth 属性和 title 分别表示电影图片和标题。

接着需要在 movie 组件的 index.wxss 文件中添加电影组件样式，代码示例如下：

```
/*整体电影信息 */
.movie-container {
  display: flex;
  flex-direction: column;
  padding: 0 22rpx;
  width: 200rpx;
}


/*电影图片 */
.movie-img {
  width: 200rpx;
  height: 270rpx;
  padding-bottom: 20rpx;
}


/*电影标题 */
.movie-title {
  margin-bottom: 16rpx;
  font-size: 24rpx;
}


/*评分样式 */
.rate-container {
  display: flex;
  flex-direction: row;
  align-items: baseline;
}


.stars {
  display: flex;
  flex-direction: row;
  height: 17rpx;
margin-right: 24rpx;
  margin-top: 6rpx;
}


.stars image {
  padding-left: 3rpx;
  height: 17rpx;
  width: 17rpx;
}


.score{
  margin-left:20rpx;
  font-size:24rpx;
}
```

以上基本完成了自定义组件的定义。

3. 电影 movie 组件的使用

自定义组件的使用与小程序内置的组件的使用基本一致，不同的是，需要在使用之前进行声明。现在 movies 页面使用 movie 组件，因此，需要在 movies. json 中配置自定义组件，代码示例如下：

```
{
  "usingComponents": {
    "hp-movie":"/components/movie/index"
  },
  "navigationBarTitleText": "电影"
}
```

这里定义组件的名称为 hp-movie，对应的路径就是组件所在的相对路径。

接下来在 movies. wxml 文件中引用 movie 自定义组件，代码示例如下：

```
<view class="container">
 <hp-movie movie="{{movie}}"></hp-movie>
 <hp-movie movie="{{movie}}"></hp-movie>
 <hp-movie movie="{{movie}}"></hp-movie>
</view>
```

在 movie 组件中需要绑定 movie 对象属性，暂时使用静态数据进行测试，因此，需要在 movies. js 的 onLoad 函数中加入数据绑定内容，代码示例如下：

```
/**
 *生命周期函数--监听页面加载
 */
onLoad(options) {
  const movie = {
    "title": "幕后玩家",
    "movieImagePth": "/images/movie/move01.jpg",
    "stars": 3.6,
    "score": 8.5
  }

  this.setData({
    movie
  })

},
```

同时加入 movies 页面样式，代码示例如下：

```
.movies-container{
 display:flex;
 flex-direction: row;
}
```

保存代码，自动编译后，运行效果如图 6-9 所示。

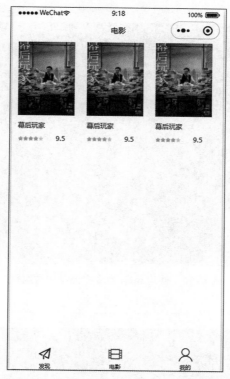

图 6-9　电影首页引用 movie 组件运行效果

6.2.2.2　使用第三方自定义组件

在前面的内容中，构建了自定义组件，但在实际的开发中，除了自定义组件外，小程序也允许使用第三方已经完成的自定义组件。接下来使用 Lin-UI 组件完成电影组件中评分的内容。当然，主要是通过这样的过程介绍在微信小程序中使用第三方自定义组件的步骤。

Lin-UI 是一套基于微信小程序原生语法实现的高质量 UI 组件库。其遵循简洁、易用、美观的设计规范，官方地址为 https://doc.mini.talelin.com/。Lin-UI 使用起来非常容易上手，接下来介绍如何使用 Lin-UI 来完成对自定义 movie 组件的升级。

1. 在项目中安装 Lin-UI

在官方文档中，介绍了两种方式：第一种，使用 nmp 安装的方式，这也是官方推荐的方式；第二种，下载源码的方式。这里介绍使用 nmp 的安装方式。当然，这样需要提供 node 的开发环境（这里不介绍 node 开发环境的安装）。

打开小程序的项目根目录，执行下面的命令：

```
npm init
```

执行效果如图 6-10 所示。

在安装过程中，命令行中会以交互的形式要求填一些项目的介绍信息，可以耐心填完，当然也可以忽略，按 Enter 键快速完成项目初始化，如图 6-11 所示。

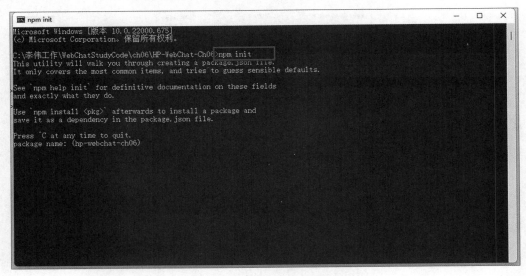

图 6-10　使用 npm 命令安装第三方组件

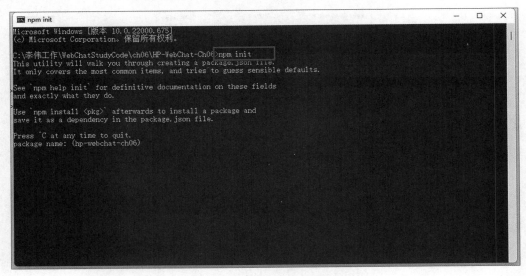

图 6-11　使用命令行交互界面

按照提示的步骤完成后，在项目中会生成一个 package.json 文件，如图 6-12 所示。

这个操作与前端项目构建中安装其他组件几乎一样。但目前为止，仅仅做了项目初始化的工作，接下来使用如下命令完成对 Lin-UI 的安装：

```
npm install lin-ui
```

执行成功后，会在根目录里生成项目依赖文件夹 node_modules/lin-ui，然后用小程序官方 IDE 打开小程序项目，单击"工具"选项，单击"构建 npm"，等待构建完成即可，如图 6-13 所示。

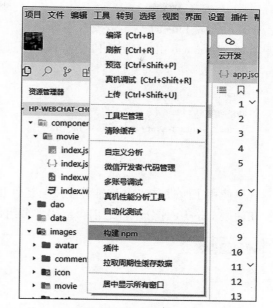

图 6-12　npm 初始化生成 package. json 文件

图 6-13　构建 npm 命令

　　等待片刻，出现如图 6-14 所示提示。此时可以看到小程序 IDE 工具的目录结构里多了一个文件夹 miniprogram_npm（之后所有通过 npm 引入的组件和 JS 库都会出现在这里），如图 6-15 所示，打开后可以看到 lin-ui 文件夹，这也是我们需要的组件。

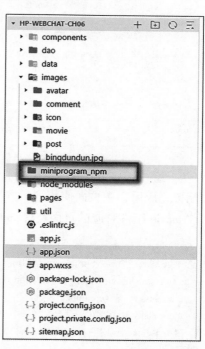

图 6-14　npm 构建成功

图 6-15　安装 Lin-UI 后项目目录结构

2. 引用第三方组件

在完成安装 Lin-UI 后，需要在页面进行引用。由于在自定义 movie 组件时使用了 Lin-UI，因此，在 movie 组件对应的 index. json 中进行配置，代码示例如下：

```
{
  "component": true,
  "usingComponents": {
    "l- rate": "/miniprogram_npm/lin-ui/rate/index"
  }
}
```

这里使用了组件名（名称推荐使用与组件相关的名称前缀）和对应组件路径。

在使用 Lin-UI 评分组件之前，给出评分组件的属性说明，如图 6-16 所示。

评分组件属性

参数	说明	类型	可选值	默认值
count	评分组件元素个数	Number	-	5
score	默认选中元素个数	Number	-	0
size	图标元素大小	String	-	36
active-color	图标元素选中时颜色	String	-	#FF5252
inActive-color	图标元素未选中时颜色	String	-	#FFE5E5
name	图标元素类型	String	-	-
active-image	未选中状态下的图片资源	String	图片路径为绝对路径	-
inActive-image	未选中状态下的图片资源	String	图片路径为绝对路径	-
disabled	禁用评分组件	Boolean	true、false	false
item-gap	星星（元素）间距，单位 rpx	Number	-	10

图 6-16　Lin-UI 评分组件属性说明

配置完成后，在页面使用第三方自定义组件，使用方法与自定义组件的方法一样。接下来修改 movie 组件对应的页面文件 index. wxml，代码示例如下：

```
<view class="movie-container">
  <image class="movie-img" src="{{movie.movieImagePth}}"/>
  <text class="movie-title">{{movie.title}}</text>
  <view class="rate-container">
    <view class="stars">
      <l-rate score=" {{movie. stars}}" size=" 22"    active -color ="#FFDD55" inActive -color ="#FFF5CE"/>
```

```
  </view>
  <text class="score">{{movie.score}}</text>
 </view>
</view>
```

加粗的代码为使用 Lin-UI 的评分组件。这里 score 属性表示评分的分数，默认是五星评分，可以通过 count 属性进行设置。

保存代码，自动编译，运行效果如图 6-17 所示。

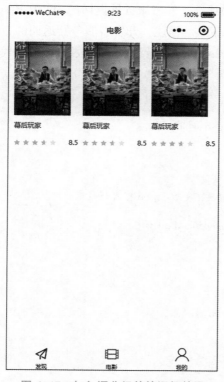

图 6-17　加入评分组件的运行效果

6.2.2.3　使用 wx. request 方法获取服务器数据

在文章模块中，所有的数据都来自本地缓存数据库，但在实际生存环境中，数据都来自服务器端。在本小节中，将实现通过 http 请求获取电影数据，并加载到自定义组件中。

在微信小程序中使用 wx. request（Object）方法发送 http/https 请求，并接收服务返回的请求结果。Object 主要参数如下：

url 类型：string。描述：开发者服务器接口地址。

data 类型：string/object/ArrayBuffer。描述：请求的参数。

header 类型：Object。描述：设置请求的 header，header 中不能设置 Referer。content-type 默认为 application/json。

method 类型：string。描述：HTTP 请求方法。注意，method 的取值必须大写。

timeout 类型：number。描述：超时时间，单位为 ms。默认值为 60 000。

dataType 类型：string。描述：返回的数据格式。

success 类型：function。描述：接口调用成功的回调函数。

fail 类型：function。描述：接口调用失败的回调函数。

complete 类型：function。描述：接口调用完成的回调函数。

其中，success 回调函数的参数如下：

data 类型：string/Object/Arraybuffer。描述：开发者服务器返回的数据。

statusCode 类型：number。描述：开发者服务器返回的 HTTP 状态码。

header 类型：Object。描述：开发者服务器返回的 HTTP Response Header。

cookies 类型：Array. <string>。描述：开发者服务器返回的 cookies，格式为字符串数组。

接下来在电影首页对 wx. request 进行测试。修改 movies. js 代码，代码示例如下：

```
onLoad() {
 const movie = {
   "title": "幕后玩家",
   "movieImagePth": "/images/movie/move01.jpg",
   "stars": 3.6,
   "score": 8.5
 }

 //通过 http 请求获得服务器数据(数据以 json 格式进行返回)
 wx.request({
   url: ' http://t.talelin.com/v2/movie/in_theaters' ,
   data: {
     start: 1,
     count: 3
   },
   method: ' GET' ,
   header: { "content-type": "json" },
   success: (res) => {
     console.log(res);
   }
 })

 this.setData({
   movie
 })
},
```

上述代码仅仅把发送的 http 请求返回的数据显示在控制中，查看控制数据，如图 6-18 所示。

图 6-18　调用 wx. request 方法控制数据

由控制台错误提示可知，请求不合法。原因在于使用了 http 方式的请求，在微信小程序开发中，默认情况下不允许使用不安全的 http 请求，所以需要进行设置，如图 6-19 所示。

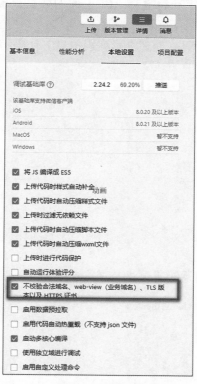

图 6-19　设置不合法域名

勾选"不校验合法域名、web-view（业务域名）、TLS 版本以及 HTTPS 证书"后，重新编译执行，执行结果如图 6-20 所示。

```
▼{data: {…}, header: {…}, statusCode: 200, cookies: Array(0), errMsg: "request:ok"} ⓘ
  ▶ cookies: []
  ▼ data:
      count: 3
      start: 1
    ▼ subjects: Array(3)
      ▼ 0:
        ▶ casts: (3) [{…}, {…}, {…}]
          comments_count: 540
        ▶ countries: ["中国大陆"]
        ▶ directors: [{…}]
        ▶ genres: (3) ["剧情", "悬疑", "犯罪"]
          id: 305
        ▶ images: {large: "https://img3.doubanio.com/view/photo/s_ratio_poster/public/p2518645794.jpg"}
          original_title: "幕后玩家"
        ▶ rating: {average: 6.9, max: 10, min: 0, stars: "35"}
          reviews_count: 49
          summary: "坐拥数亿财产的钟小年(徐峥 饰)意外遭人绑架,不得不在一位神秘人的操控下完 成一道道令人两难的选择题。在选择的过程中
          title: "幕后玩家"
          warning: "数据来源于网络整理,仅供学习,禁止他用。如有侵权请联系公众号: 小楼昨夜又秋风。我将及时删除。"
          wish_count: 11432
          year: 2018
        ▶ __proto__: Object
      ▶ 1: {casts: Array(3), comments_count: 508, countries: Array(1), directors: Array(1), genres: Array(2), …}
      ▶ 2: {casts: Array(3), comments_count: 42, countries: Array(2), directors: Array(1), genres: Array(4), …}
        length: 3
```

图 6-20　http 请求成功后控制返回数据

对于返回的 JSON 数据格式，data:｛count:3,start:1｝表示返回数据条数和开始索引；subjects 表示反馈电影列表信息数据，主要包含电影标题：title、电影图片：images、评分：rating。

目前已经通过发送 http 请求获得豆瓣 API 返回的数据，接下来需要处理反馈的电影数据，并通过数据绑定显示到电影首页。

首先修改 movies. js 中的代码，处理电影列表信息，代码示例如下：

```
/**
 *页面的初始数据
 */
data: {
 movie: null,
 //正在热映电影绑定数据
 inTheaters: {},
},

/**
 *生命周期函数--监听页面加载
 */
onLoad() {
//通过 http 请求获得服务器数据(数据以 JSON 格式进行返回)
 wx.request({
   url: ' http://t.talelin.com/v2/movie/in_theaters' ,
   data: {
    start: 1,
    count: 3
   },
   method: ' GET' ,
   header: { "content- type": "json" },
   success: (res) => {
    console.log(res.data);
    const httpData = res.data
    var movies = [];
    for (let i in httpData.subjects) {
     let subject = httpData.subjects[i];
     let title = subject.title;
     let stars = subject.rating.stars / 10;
     let score = subject.rating.average;
     console.log("starts:", stars);
     if (title.length >= 6) {
      //设置标题显示长度,如超过 6 个字符,则进行截断,使用...进行代替
      title = title.substring(0, 6) + ' ...';
     }
     var temp = {
      title: title,
      stars: stars,
      score: score,
      movieImagePth: subject.images.large,
      movieId: subject.id
     }
```

```
        movies.push(temp);
        const bindData = {
          "categoryTitle": '正在热映',
          "movies": movies
        }
        this.setData({
          inTheaters:bindData
        });
      }
    }
  })
},
```

接下来，修改 movies. wxml 中的代码，首先实现"正在热映电影列表"数据的绑定，代码示例如下：

```
<view class="movie-head">
 <text class="slogan">正在热映</text>
 <view class="more">
  <text class="more-text">更多</text>
  <image class="more-img" src="/images/icon/wx_app_arrow_right. png"></image>
 </view>
</view>
<view class="movies-container">
 <!--<hp-movie movie="{{movie}}"></hp-movie>
 <hp-movie movie="{{movie}}"></hp-movie>
 <hp-movie movie="{{movie}}"></hp-movie> -->
 <block wx:for="{{inTheaters. movies}}"  wx:for-item="movie" wx:key="movieId">
  <hp-movie movie="{{movie}}"></hp-movie>
 </block>
</view>
```

同时，在 movies. wxss 中添加样式代码，代码示例如下：

```
.movies-container{
 display:flex;
 flex-direction: row;
}

.movie-head {
 padding: 30rpx 20rpx 22rpx;
}

.slogan {
 font-size: 24rpx;
}
```

```
.more {
 float: right;
}

.more-text {
 vertical-align: middle;
 margin-right: 10rpx;
 color: #4A6141;
}

.more-img {
 width: 9rpx;
 height: 16rpx;
 vertical-align: middle;
}

.movies-container{
  display:flex;
  flex-direction: row;
}
```

保存代码，自动编译，运行，效果如图 6-21 所示。

图 6-21　完成"正在热映"电影列表效果

以上使用微信小程序中 wx. request 的 API 实现了电影列表基本功能。

6.2.3　任务实施

完成了对微信小程序自定义组件的定义与使用，以及使用 wx. request 方法获取服务器的数据，接下来完成电影首页列表显示功能，其功能包含"正在热映""即将上映"和"豆瓣Top250"3 个部分。具体的实现步骤如下：

1. 从服务器加载数据

在前面介绍 wx. request 方法的使用时，已经完成了从服务器获取"正在热映"的电影部分，基于分析，很容易发现对应"即将上映"和"豆瓣 Top250"处理电影的返回数据一样，只是请求的 URL 不一样，可以对获取服务器数据的部分进行封装，以满足不同需求。

为了满足不同类型数据的绑定，需要在 movies. js 文件中添加一个数据绑定方法 bindMoviesDataByCategory，代码示例如下：

```
//基于不同 url 对 http 请求获得服务器数据进行封装
bindMoviesDataByCategory(url, data, settedKey, categoryTitle) {
  //通过 http 请求获得服务器数据(数据以 json 格式进行返回)
  wx.request({
    url: url,
    data: data,
    method: ' GET' ,
    header: {
      "content-type":"json"
    },
    success: (res) => {
      this.processMovieData(res.data, settedKey, categoryTitle);
    }
  })
},
```

同时，添加一个处理电影数据的方法 processMovieData，代码示例如下：

```
//显示电影数据
processMovieData(httpData, settedKey, categoryTitle) {

  console.log(' httpData' , httpData);
  var movies = [];
  for (let i in httpData.subjects) {
    let subject = httpData.subjects[i];
    let title  = subject.title;
    let stars  = subject.rating.stars / 10;
    let score  = subject.rating.average;
    console.log("starts:", stars);
    if (title.length >= 6) {
      //设置标题显示长度,超过 6 个字符进行截断,使用…进行代替
      title  = title.substring(0, 6) + ' …' ;
```

```
        }
        var temp = {
          title: title,
          stars: stars,
          score: score,
          movieImagePth: subject.images.large,
          movieId: subject.id
        }
        movies.push(temp);

      }
      var bindData = {};
      bindData[settedKey] = {
        "categoryTitle": categoryTitle,
        "movies": movies
      }
      this.setData(bindData);
    },
```

为了满足不同电影类型列表的数据绑定，使用一种动态数据绑定 key 的方法。由于并不知道当前处理的是哪一种电影类型，因此，将当前所处理的电影类型通过 settedKey 传递到 processMovieData 方法中，并通过 bindData［settedKey］生成一个包含 settedKey 的 JavaScript 对象。

假设当前处理的数据是 inTheaters 类型，那么以上代码在最终调用 this. setData（bindData）时相当于以下样式：

```
this.setData({
    inTheaters:{
            categoryTile:"正在热映",
              movies:movies
    }
})
```

这种写法是一种开发技巧，在复杂的业务中也会经常使用。

为了匹配动态数据绑定，需要修改 movies. js 的 data 属性，代码示例如下：

```
/**
*页面的初始数据
*/
data: {
//正在热映电影绑定数据
 inTheaters: {},
//即将上映电影绑定数据
 comingSoon: {},
//豆瓣排行绑定数据
 top250: {},
}
```

然后在 movies. js 的 onLoad 函数中进行调用，其代码示例如下：

```
//绑定正在热映的电影数据
this.bindMoviesDataByCategory("http://t.talelin.com/v2/movie/in_theaters", {
  start: 1,
  count: 3
}, "inTheaters", "正在热映");
//绑定即将上映的电影数据
this.bindMoviesDataByCategory("http://t.talelin.com/v2/movie/coming_soon", {
  start: 1,
  count: 3
}, "comingSoon", "即将上映");
//绑定 Top250 的电影数据
this.bindMoviesDataByCategory("http://t.talelin.com/v2/movie/top250", {
  start: 0,
  count: 3
},"Top250" ,"豆瓣 Top250");
```

2. 自定义 movie-list 组件

　　一个电影显示可以定义为一个组件，同样，电影页面中 3 个部分的内容非常相似，可以把每一部分自定义成一个组件，这样在页面调用时就更加方便了。

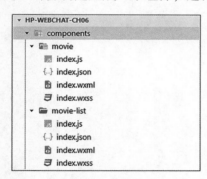

图 6-22　添加 movie-list 组件目录结构

　　要将这个"整体"部分定位为组件，就需要自定义组件嵌套，其实现的步骤与自定义组件的步骤一样。

　　首先在目录 components 中新建 movie-list 目录，并新建组件，命名为 index。完成后目录结构如图 6-22 所示。

　　接下来完成组件的内容。因为 movie-list 组件内部需要引用到 movie 组件，所以需要在 movie-list 组件 index.json 中配置 movie 组件，代码示例如下：

```
{
  "component": true,
  "usingComponents": {
    "hp- movie":"/components/movie/index"
  }
}
```

　　基于对 movie-list 组件需求的分析，需要为 movie-list 添加两个属性，代码示例如下：

```
Component({
  /**
  *组件的属性列表
  */
  properties: {
```

```
    title:{
      type:String,
      value:' '
    },
    movieList:{
      type:Array,
       value:[]
    }
  },

  /**
  *组件的初始数据
  */
  data: {

  },

  /**
  *组件的方法列表
  */
  methods: {

  }
})
```

movie-list 组件页面元素代码示例如下：

```
<view class="movie-list-container">
 <view class="movie-head">
  <text class="slogan">{{title}}</text>
  <view class="more" data-category="{{title}}">
   <text class="more-text">更多</text>
   <image class="more-img" src="/images/icon/wx_app_arrow_right. png"></image>
  </view>
 </view>
 <!--单个栏目中显示电影列表 -->
 <view class="movies-container">
  <!--每个电影信息 -->
  <block wx:for="{{movieList}}" wx:for-item="movie" wx:key="movieId">
   <!--使用自定义组件 -->
   <hp-movie movie="{{movie}}"></hp-movie>
  </block>
 </view>
</view>
```

需要注意的是，在显示电影列表时，需要使用 movie-list 属性中的形参 movieList。最后，在引用的页面传入实际参数，这是组件嵌套的关键。

movie-list 组件页面对应样式代码示例如下：

```
.movie-list-container {
 background-color: #fff;
 display: flex;
 flex-direction: column;
 margin-bottom: 30rpx;
}

.movie-head {
 padding: 30rpx 20rpx 22rpx;
}

.slogan {
 font-size: 24rpx;
}

.more {
 float: right;
}

.more-text {
 vertical-align: middle;
 margin-right: 10rpx;
 color: #4A6141;
}

.more-img {
 width: 9rpx;
 height: 16rpx;
 vertical-align: middle;
}

.movies-container{
 display:flex;
 flex-direction: row;
}
```

3. 在 movies 页面引用 movie-list 组件

完成自定义 movie-list 组件构建后，需要在电影页面中引用 movie-list 组件。在页面使用之前，对组件进行声明，代码示例如下：

```
{
 "usingComponents": {
  "hp-movie":"/components/movie/index",
  "hp-movieList":"/components/movie-list/index"
 },
 "navigationBarTitleText": "电影"
}
```

接下来，在页面中对组件进行使用，代码示例如下：

```
<view class="container">
  <!--电影栏目列表-->
  <view class="movie-container">
  <!--单个栏目电影列表(正在热映)-->
  <hp-movieList bind:tap="onGotoMore" data-type="in_theaters" title="{{inTheaters.categoryTitle}}" mov-
ieList="{{inTheaters. movies}}"></hp- movieList>
  <!--单个栏目电影列表(即将上映)-->
  <hp-movieList bind:tap="onGotoMore" data-type="coming_soon" title="{{comingSoon.categoryTitle}}"
movieList="{{comingSoon.movies}}"></hp-movieList>
  <!--单个栏目电影列表(豆瓣 Top250)-->
  <hp-movieList bind:tap="onGotoMore" data-type="top250" title="{{top250.categoryTitle}}" movieList="
{{top250.movies}}"></hp-movieList>
  </view>
</view>
```

为了显示效果，还需要修改 movie. wxss 文件的样式内容，代码示例如下：

```
.container {
  background-color: #f2f2f2;
}
```

从上面示例代码中，可以看到原有的样式内容已经调整到 movie-list 组件样式代码中，这里仅仅添加一个背景显示。

基于 movie-list 组件来构建电影页面首页的内容简单很多，同时，不同模块的结构更加清晰。

最后，配置导航的背景颜色，在 app. json 文件中进行配置，代码示例如下：

```
"window": {
  "backgroundColor": "#F6F6F6",
  "backgroundTextStyle": "light",
  "navigationBarBackgroundColor": "#d43c33",
  "navigationBarTitleText": "厚溥微信小程序",
  "navigationBarTextStyle": "white"
}
```

保存代码，自动编译后，运行效果之前的预览效果一样。至此，完成了电影页面的电影展示功能。

6.3 完成电影搜索功能

6.3.1 任务描述

6.3.1.1 任务需求

在电影首页中，实现了 3 个模块的电影列表显示，为了让用户在电影首页快速找到自己喜欢的电影，本任务为用户提供电影搜索的功能，其业务逻辑非常简单，在搜索的输入框中输入要搜索的电影名称，然后在当前页面显示搜索结果。这里并没有使用一个新的页面来完成此电影的搜索功能，电影的搜索位于电影首页。当用户进行搜索时，显示搜索结果时，电影首页的资讯信息被隐藏；相反，当退出电影搜索时，电影搜索面板被隐藏，而电影资讯被显示。

6.3.1.2　效果预览

完成本任务后，编译完成后，进入电影首页，在搜索框中输入"爱你"关键字，效果如图 6-23 所示。

图 6-23　电影搜索效果

6.3.2　任务实施

基于电影搜索的功能需求，可以把电影搜索功能的实现分为以下步骤：

（1）在电影首页添加电影搜索的搜索框，搜索框中包括搜索图标、输入框、搜索退出按钮。

（2）当用户单击退出搜索按钮时，电影搜索面板隐藏，同时显示电影资讯面板。

（3）当用户输入完成后，确定后，处理关键字的请求，并把获得的数据列表显示到电影首页中。同时，这里需要处理原有的电影资讯的隐藏。

接下来编码完成此功能，其具体步骤如下：

1. 实现电影首页搜索页面效果

首先需要修改 movies.js 中 page 的 data 属性，添加 4 个变量属性，代码示例如下：

```
data: {
movie: null,
//正在热映电影绑定数据
inTheaters: {},
//即将上映电影绑定数据
comingSoon: {},
//豆瓣排行绑定数据
top250: {},

//搜索面板是否显示
searchPanelShow：false,
//电影首页的资讯页面是否显示
containerShow：true,
//搜索显示结果
searchResult：{},
//输入框的输入内容
inputValue: ' '
},
```

加粗代码为新添加的代码。变量 searchPanelShow 控制是否显示退出搜索按钮；变量 containerShow 控制是否显示电影首页资讯面板；变量 searchResult 绑定搜索结果；变量 inputValue 用于绑定输入框的输入内容。

接下来，在 movies.wxml 中添加电影搜索框的内容，代码示例如下：

```
<!--搜索输入框-->
<view class="search">
  <icon type="search" class="search-img" size="13" color="#405f80"></icon>
  <input type="text" placeholder="乘风破浪、西游伏妖篇" placeholder-class="placeholder" bindfocus="onBindFocus" value="{{inputValue}}" bindconfirm="onBindConfirm" />
    <image wx:if="{{searchPanelShow}}" src="/images/icon/wx_app_xx.png" class="xx-img" catchtap="onCancelImgTap"></image>
  </view>
```

同时，在 movies.wxss 中添加电影搜索框的样式内容，代码示例如下：

```
/*电影搜索样式 */

.search {
  background-color: #f2f2f2;
  height: 80rpx;
  width: 100%;
  display: flex;
  flex-direction: row;
```

```
    }
    .search-img {
      margin: auto 0 auto 20rpx;
    }

    .search input {
      height: 100%;
      width: 600rpx;
      margin-left: 20px;
      font-size: 28rpx;
    }

    .placeholder {
      font-size: 14px;
      color: #d1d1d1;
      margin-left: 20px;
    }

    .search-panel{
      position:absolute;
      top:80rpx;
    }

    .xx-img{
      height: 30rpx;
      width: 30rpx;
      margin:auto 0 auto 10rpx;
    }

    .search-container{
      display: flex;
      flex-direction: row;
      flex-wrap: wrap;
      padding: 30rpx 0rpx;
      justify-content: space-between;
    }

    .search-container::after{
      content:' ';
      width:200rpx;
    }
```

保存代码，自动编译，运行成功。

2. 处理用户激活搜索框与退出搜索

当用户要搜索电影时，首先要激活 input 搜索栏，显示搜索面板并隐藏电影资讯面板，完成已经注册组件的 onBindFocus 事件，在 movies.js 中添加 onBindFocus 事件响应方法，代码示例如下：

```
//获得输入焦点,隐藏电影资讯面板,显示取消搜索按钮(等待用户输入内容)
onBindFocus() {
  console. log("===onBindFocus=====");
  //设置取消按钮显示,并取消 Movie-list 显示容器
  this.setData({
    //控制取消按钮
    searchPanelShow: true,
    //控制搜索结果容器是否显示
    containerShow: false,
  });
},
```

保存代码运行后，当用户激活 input 组件时，将执行 onBindFocus 函数，将隐藏电影资讯面板，并显示搜索面板，准备用户输入，效果如图 6-24 所示。

图 6-24　用户激活 input 组件显示效果

当用户单击图 6-24 中 input 搜索框右边的取消图片时，可以关闭搜索面板并再次打开电影资讯面板。在 movies. js 中，取消按钮的处理方法为 onCancelImgTap，其代码示例如下：

```
//单击取消,显示电影资讯面板,初始化搜索框状态
onCancelImgTap(event) {

  this.setData({
    containerShow: true,
    searchPanelShow: false,
    searchResult: {},
    inputValue: ' '
  })
}
```

上面的代码同时实现了 input 组件的初始化，等待用户下次输入内容。

3. 用户输入搜索关键字进行搜索

当用户输入关键字并按 Enter 键或者单击真机的"完成"按钮后，小程序将触发 input

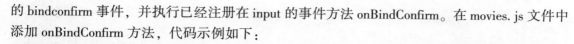

的 bindconfirm 事件，并执行已经注册在 input 的事件方法 onBindConfirm。在 movies. js 文件中添加 onBindConfirm 方法，代码示例如下：

```
//处理搜索结果(隐藏电影资讯面板,显示搜索取消按钮,绑定搜索数据到页面显示)
 onBindConfirm (event) {
   console.log("===onBindConfirm=====");

   //设置页面搜索标签为 true
   this.setData({
   //控制取消按钮
   searchPanelShow: true,
   //控制搜索结果容器是否显示
   containerShow: false,
   });

   //获得搜索关键字
   var keyWord = event.detail.value;
   var searchUrl = "http://t.talelin.com/v2/movie/search?";
   this.bindMoviesDataByCategory(searchUrl,{"q":keyWord}, "searchResult", "");
 }
```

在上面的代码中，调用了之前封装的方法 bindMoviesDataByCategory，一方面，这里依然使用动态绑定数据的方式；另一方面，搜索的 API 的提交数据字符串为"q"，值为用户输入的内容。

搜索的数据通过变量 searchUrl 进行数据绑定，因此，需要在页面添加数据显示的内容。在电影首页页面显示的 movies. wxml 文件中添加相关内容，其代码示例如下：

```
<view class="container">

<!--搜索输入框-->
<view class="search">
  <icon type="search" class="search-img" size="13" color="#405f80"></icon>
  <input type="text" placeholder="乘风破浪、西游伏妖篇" placeholder-class="placeholder" bindfocus="on-
BindFocus" value="{{inputValue}}" bindconfirm="onBindConfirm" />
  <image wx:if="{{searchPanelShow}}" src="/images/icon/wx_app_xx.png" class="xx-img" catchtap="on-
CancelImgTap"></image>
  </view>

<!--电影栏目列表-->
<view class="movie-container" wx:if="{{containerShow}}">
  <!--单个栏目电影列表(正在热映)-->
  <hp-movieList bind:tap="onGotoMore" data-type="in_theaters" title="{{inTheaters.categoryTitle}}" mov-
ieList="{{inTheaters.movies}}"></hp-movieList>
  <!--单个栏目电影列表(即将上映)-->
  <hp-movieList bind:tap="onGotoMore" data-type="coming_soon" title="{{comingSoon.categoryTitle}}"
movieList="{{comingSoon.movies}}"></hp-movieList>
  <!--单个栏目电影列表(豆瓣 Top250)-->
  <hp-movieList bind:tap="onGotoMore" data-type="top250" title="{{top250.categoryTitle}}" movieList="
{{top250.movies}}"></hp-movieList>
```

```
    </view>

    <!--电影搜索显示模块-->
    <view class="search-container" wx:else>
      <block wx:for="{{searchResult.movies}}" wx:for-item="movie" wx:key="movieId">
        <hp-movie movie="{{movie}}"></hp-movie>
      </block>
    </view>
</view>
```

电影搜索功能的编码功能全部完成，保存代码，运行效果与预览的一致。

 思政讲堂

保护个人信息，维护国家安全

中国共产党二十大报告中指出，要坚持以人民安全为宗旨、以政治安全为根本、以经济安全为基础、以军事科技文化社会安全为保障、以促进国际安全为依托，统筹外部安全和内部安全、国土安全和国民安全、传统安全和非传统安全、自身安全和共同安全，统筹维护和塑造国家安全，夯实国家安全和社会稳定基层基础，完善参与全球安全治理机制，建设更高水平的平安中国，以新安全格局保障新发展格局。

大数据时代的到来，给我们的生活带来了诸多便利，但同时也带来了新的挑战和问题。其中之一就是个人信息的保护和数据安全。今天，我们将从公共安全治理大数据时代个人信息保护、数据安全关系国家安全、立法保障数据安全这几个角度，通过一些具体的示例和故事，探讨如何推进国家安全体系和能力现代化，坚决维护国家安全和社会稳定。

一、公共安全治理大数据时代个人信息保护

在大数据时代，个人信息的泄露和滥用问题日益突出。这不仅对个人隐私构成威胁，也可能导致社会安全风险的增加。为了保护个人信息，需要加强公共安全治理。

案例 1：大学生的手机被盗

一名普通大学生，有一天他的手机被盗了。他的手机中存储着大量的个人信息，包括通讯录、短信、社交账号等。盗窃者利用这些信息进行了诈骗活动，给他带来了巨大的损失。这个故事告诉我们，个人信息的泄露可能会导致经济损失和社会不稳定，因此需要加强对个人信息的保护，建立起完善的公共安全治理体系。

二、数据安全关系国家安全

数据安全是国家安全的重要组成部分。在信息时代，大量的敏感数据被存储和传输，如果这些数据泄露或被滥用，将对国家安全造成严重威胁。

案例 2：外国间谍窃取国家机密

某国家的情报部门发现，一名外国间谍通过网络攻击手段，成功窃取了该国的军事机密和重要战略信息。这些数据的泄露给国家安全带来了巨大的隐患，国家的军事行动和国际地位都受到了严重影响。这个故事告诉我们，数据安全关系到国家的核心利益和安全，必须高度重视数据安全问题，加强相关的技术防护和法律法规建设。

三、立法保障数据安全

为了保障数据安全，国家需要建立健全的法律法规体系，明确数据的收集、存储、传输和使用规范，加强对数据安全的监管和惩治。

案例3：数据泄露引发社会恐慌

某互联网公司因为数据管理不善，导致大量用户的个人信息被泄露。这些个人信息被不法分子利用，给社会带来了巨大的恐慌和不安。为了应对这一问题，国家立法机构迅速出台了相关法律，规范了数据的收集和使用，加强了对数据安全的监管和处罚。这个故事告诉我们，立法保障数据安全是维护社会稳定和国家安全的重要手段，只有通过法律的力量，才能有效保护个人信息和数据安全。

我国在数据安全方面所做的具体行动和取得的重要成果如下。

一、加强数据安全立法和监管

为了保障数据安全，我国已经出台了一系列法律法规，明确了数据的收集、存储、传输和使用规范，加强了对数据安全的监管和惩治。我国近年来在保护个人信息方面取得了显著进展。通过制定《个人信息保护法》，政府为个人信息的收集、使用和保护提供了明确的法律框架。这一法律规定了企业和组织必须履行的义务，以确保个人信息的隐私和安全。这不仅维护了个人权益，也对国家安全产生了积极影响。在思政讲堂中，可以讨论这一法律的制定背景、目的以及其对个人信息保护和国家安全的积极作用。

二、建设国家级数据安全保护体系

我国积极推进国家级数据安全保护体系的建设，建立了数据安全评估和认证机制，加强了对重要信息基础设施的保护。同时，加强了数据安全技术研发和创新，提升了数据安全保护的能力。

三、推进数据本地化和信息安全审查

为了防止敏感数据流失和滥用，我国要求关键信息基础设施的运营者将重要数据存储在境内，并对涉及国家安全的数据进行信息安全审查。这些措施有助于保护国家的核心利益和数据安全。

四、加强国际合作和共建共治

我国积极参与国际数据安全合作，倡导构建开放、安全、合作的全球数据治理体系。在国际层面，我国提出了"数字丝绸之路"倡议，促进数字经济的发展和数据安全的合作。

这些具体行动和成果的取得，进一步加强了我国在数据安全领域的能力和实力，为保护个人信息和维护国家安全作出了重要贡献。

我们可以看到，我国在推进国家安全体系和能力现代化，坚决维护国家安全和社会稳定方面，对数据安全的重视和行动是不可忽视的。只有通过加强数据安全保护、完善法律法规、加强国际合作等措施，我们才能更好地应对大数据时代的挑战，确保国家安全和社会稳定的持续发展。

推进国家安全体系和能力现代化，坚决维护国家安全和社会稳定，需要我们重视个人信息保护和数据安全。通过加强公共安全治理、关注数据安全对国家安全的影响、立法保障数据安全等措施，我们可以更好地应对大数据时代的挑战，确保国家安全和社会稳定的持续发展。让我们共同努力，守护好每一个人的个人信息安全，为国家的繁荣稳定贡献自己的力量。

━━━━━ ≪≪≪≪≪ **单元小结** ≫≫≫≫≫ ━━━━━

● 通过在 app. json 文件中配置 tarBar 选项，可以实现微信小程序 tab 选项卡功能。

● 在微信小程序中，除了使用模板技术外，还可以使用自定义组件来将复杂页面拆分成多个低耦合的模块。

● 在微信小程序中，除了自定义组件外，还可以使用第三方自定义组件，同时，组件之间可以嵌套使用。

● 在微信小程序中，使用 wx. request 方法发送 http/https 请求，获取服务器的数据。

● 实现不同模块的切换功能。

● 实现电影首页电影列表显示功能。

● 实现电影搜索功能。

━━━━━ ≪≪≪≪≪ **单元自测** ≫≫≫≫≫ ━━━━━

1. 微信小程序 tabBar 的配置中，常用的属性包含（　　　）。

A. color　　　　　　　B. selectedColor　　　　　C. list　　　　　　　　D. Position

2. 下列选项中关于微信小程序自定义组件的说法，不正确的是（　　　）。

A. 小程序中的组件在老的版本（1.63 版本之前）中不支持，只能使用模板方式实现内容模块化

B. 在小程序中，可以自定义组件，同时也可以使用第三方的组件，并且它们可以进行嵌套使用

C. 在小程序中，自定义的使用与内置使用基本一样，只需要做自定义组件的注册配置就可以使用

D. 在小程序的自定义组件中不能嵌套使用第三方组件

3. 下关于 wx. request(Object) 属性的描述，正确的是（　　　）。

A. 可以发起 https 请求

B. url 可以带端口号

C. 返回的 complete 方法，只有在调用成功之后才会执行

D. header 中可以设置 Referer

4. 关于 wx. request(Object) 使用方法的描述，不正确的是（　　　）。

A. 可以发送 http 请求，也可以发送 https 请求

B. 可以通过 success 回调方法参数的 data 属性获得开发者服务器的数据

C. 方法发送的请求默认的超时时间为 60 000 ms

D. 该方法获得的数据必须通过设置 header 中的 content-type 为 "application/json" 来获得 json 格式的数据

5. 小程序网络 API 在发起网络请求时，使用（　　　）格式的文本进行数据交换。

A. XML　　　　　　　B. JSON　　　　　　　C. TXT　　　　　　　　D. PHP

上机实战

上机目标
- 掌握微信小程序自定义组件的使用。
- 掌握微信小程序使用第三方自定义组件的方法。

上机练习

◆第一阶段◆

练习1：使用自定义组件的方式把文章列表页面的模板进行替换。

【问题描述】

（1）完成文章自定义组件的创建。

（2）在文章页面中使用自定义组件。

【问题分析】

根据上面问题描述，把文章列表的模板内容（元素、样式、逻辑）整体定义为组件，然后在文章页面引用文章组件，就可以实现整体功能。

【参考步骤】

（1）在"components"目录中创建 post-item 组件，并为组件设置 post 属性，代码示例如下：

```
// Post 自定义组件
Component({
 /**
 *组件的属性列表
 */
 properties: {
   //定义文章属性
   post:Object
 },

 /**
 *组件的初始数据
 */
 data: {

 },

 /**
 *组件的方法列表
 */
 methods: {

 }
})
```

（2）为 post-item 组件设置显示内容和样式。

首先为 post-item 组件中的 index. wxml 文件添加元素显示的内容，代码示例如下：

```
<!--文章自定义组件 -->
<view class="post- container">
 <!--文章作者的图像与日期-->
 <view class="post-author-date">
  <image src="{{post.avatar}}" />
  <text>{{post.date}}</text>
 </view>
 <!--标题 -->
 <text class="post-title">{{post.title}}</text>
 <!--文章图片 -->
 <image class="post-image" src="{{post.postImg}}" mode="aspectFill" />
 <!--文章内容 -->
 <text class="post-content">{{post.content}}</text>
 <!--文章评论、搜索、点餐 -->
 <view class="post-like">
  <image src="/images/icon/wx_app_collect.png" />
  <text>{{post.collectionNum}}</text>
  <image src="/images/icon/wx_app_view.png"></image>
  <text>{{post.readingNum}}</text>
  <image src="/images/icon/wx_app_message.png"></image>
  <text>{{post.commentNum}}</text>
 </view>
</view>
```

接着为 post-item 组件中的 index. wxss 文件添加样式代码，代码示例如下：

```
/*设置文章列表样式 */
.post-container {
 flex-direction: column;
 display: flex;
 margin: 20rpx 0 40rpx;
 background-color: #fff;
 border-bottom: 1px solid #ededed;
 border-top: 1px solid #ededed;
 padding-bottom: 5px;
}

/*文章作者图片与日期样式 */
.post-author-date {
 margin: 10rpx 0 20rpx 10px;
 display: flex;
 flex-direction: row;
 align-items: center;
}

/*文章作者图片样式 */
.post-author-date image {
```

```css
  width: 60rpx;
  height: 60rpx;
}

/*文章作者文本样式 */
.post-author-date text {
  margin-left: 20px;
}

/*文章图片样式 */
.post-image {
  width: 100%;
  height: 340rpx;
  margin-bottom: 15px;
}

/*文章日期样式 */
.post-date {
  font-size: 26rpx;
margin-bottom: 10px;
}

/*文章标题样式 */
.post-title {
  font-size: 16px;
  font-weight: 600;
  color: #333;
  margin-bottom: 10px;
  margin-left: 10px;
}

/*文章内容样式 */
.post-content {
  color: #666;
  font-size: 26rpx;
  margin-bottom: 20rpx;
  margin-left:20rpx;
  letter-spacing: 2rpx;
  line-height: 40rpx;
}

.post-like {
  display: flex;
  flex-direction: row;
  font-size: 13px;
  line-height: 16px;
  margin-left: 10px;
  align-items: center;
}
```

```
.post-like image {
  height: 16px;
  width: 16px;
  margin-right: 8px;
}

.post-like text {
  margin-right: 20px;
}

text {
  font-size: 24rpx;
  font-family: Microsoft YaHei;
  color: #666;
}
```

（3）在文章列表页面引用自定义组件。

在文章列表 posts. json 文件中添加关于引用自定义组件的配置信息，代码示例如下：

```
{
  "usingComponents": {
    "hp-post-item":"../../components/post- item/index"
  },
  "navigationBarTitleText": "文字"
}
```

修改 posts. wxml 中的代码，把原模板相关代码替换为组件引用的代码，具体示例如下：

```
<!--文章列表 -->
<block wx:for="{{postList}}" wx:for-item="post" wx:for-index="idx" wx:key="postId">
  <view catchtap="goToDetail" id="{{post. postId}}" data-post-id="{{post. postId}}">
    <hp-post-item    post="{{post}}"></hp-post-item>
  </view>
</block>
```

◆第二阶段◆

练习2：使用第三方组件 Lin-UI 在欢迎页面获取当前用户图像和昵称信息。

【问题描述】

使用第三方组件 Lin-UI 中的 avatar 组件实现欢迎页面当前用户图像和昵称信息的显示。

【问题分析】

根据问题描述，使用第三方 Lin-UI 组件可以参考本单元任务二中"使用第三方自定义组件"的步骤完成。

单元七

"更多"电影与电影详情

课程目标

知识目标

❖ 完成"更多"电影页面功能

❖ 完成刷新电影页面与加载更多（分页显示）功能

❖ 完成电影详情页面功能

技能目标

❖ 掌握封装 http 请求的 API 的使用

❖ 掌握页面下拉刷新数据和下滑加载更多数据的 API 的使用

素质目标

❖ 培养乐于探索科学的品格

❖ 培养爱岗敬业、争创一流的劳模精神

❖ 具有良好的自主学习能力

简 介

在上一个单元中，已经进入了一个新的模块，即电影模块的内容，同时完成电影首页页面功能和电影搜索的功能。在本单元中，进一步完善电影模块的功能。本单元的任务分别为完成"更多"电影页面；完成刷新电影页面与加载（分页显示）功能；完成电影详情页面功能。在完成这些功能的同时，可以掌握在微信小程序中对 http 请求的 API 进行封装的方法，以及在微信小程序中实现页面下拉刷新和下滑加载的 API 的使用方法。

7.1 完成"更多"电影页面功能

7.1.1 任务描述

7.1.1.1 任务需求

在电影首页中分别展示 3 种类型的电影列表，如果用户需要查看每种类型的全部电影，可以单击对应类型的"更多"链接按钮。这需要在一个新的页面中进行显示，因此要新创建页面。本任务的工作内容如下：

（1）从电影首页跳转到更多电影页面。

（2）通过使用自定义组件的方式显示更多电影数据。

（3）对微信小程序 wx. request 使用发送 http/http 请求的方法进行封装。

7.1.1.2 效果预览

完成本任务后，进入电影首页，单击对应类型电影的"更多"按钮，进入对应电影更多页面，效果如图 7-1 所示。

7.1.2 任务实施

实现"更多"电影页面功能的步骤如下：

（1）新建"更多"电影页面，完成从电影首页跳转到"更多"页面。

在 pages 目录下新建 more-movie 目录，然后在此目录下新建目录文件，完成后的目录结构如图 7-2 所示。

图 7-1 "更多"电影最终效果

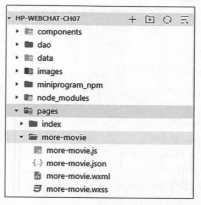

图 7-2 创建 more-movie 页面后目录结构

接下来需要完成在电影首页的 movies. js 文件中添加页面跳转方法 onGotoMore，其代码示例如下：

```
//跳转到更多电影页面
onGotoMore(event) {
 console. log(' ongGotoMore' , event);
 const category = event. currentTarget. dataset. type;
 //路由到更多页面
 wx. navigateTo({
  url: ' /pages/more- movie/more- movie? category=' + category,
 })
},
```

需要注意的是，在电影首页有 3 个"更多"按钮，分别对应不同的模块，跳转到"更多"页面需要显示不同模块的内容，因此，需要在页面跳转时带上关于"更多"类型的查询字符串，这样在处理"更多"页面时，更加方便。

保存代码，自定编译，运行代码，测试页面成功跳转。

（2）使用自定义组件构建"更多"电影页面骨架与样式。

"更多"电影页面主要显示电影信息，这里可以引用电影组件来构建页面元素，其代码示例如下：

```
<view class="container">
  <block wx:for="{{movies}}" wx:for-item="movie" wx:key="mid">
    <!--使用自定义组件 -->
    <hp-movie movie="{{movie}}"></hp-movie>
  </block>
</view>
```

在页面使用 hp-movie 组件之前，也需要在对应配置中引用该自定组件，代码示例如下：

```
{
  "usingComponents": {
    "hp-movie":"/components/movie/index"
  }
}
```

页面显示的电影是通过 movies 属性进行数据绑定，然后通过 wx:for 列表循环出来。"更多"电影页面样式也很简单，在 more-movie.wxss 中的代码示例如下：

```
.container{
  display: flex;
  flex-direction: row;
  flex-wrap: wrap;
  padding-top: 30rpx;
  padding-bottom: 30rpx;
  justify-content: space-between;
}

.movie{
  margin-bottom: 30rpx;
}
```

接下来在页面加载 onLoad( )方法来添加处理数据请求的代码，其代码示例如下：

```
onLoad: function (options) {
  const category = options.category;
  this.data._category = category;
  let url = "http://t.talelin.com/v2/movie/" + category;
  let data = {
    start:0,
    count:12
  };
  //通过 http 请求获得服务器数据(数据以 json 格式进行返回)
  wx.request({
    url: url,
    data: data,
    method: ' GET' ,
    header: {
```

```
      "content-type": "json"
    },
    success: (res) => {
      const movies = this.getMoreMovieDataList(res.data);
      this.setData({
        movies:movies
      });
    }
  })
}
```

注意，上述代码中，首先获得"更多"的查询类型，根据类型获取不同的 url 返回电影列表数据，目前加载的数据为 12 条。同时需要注意，从服务器获取的电影数据通过 getMoreMovieDataList方法进行封装，其代码示例如下：

```
//处理数据
getMoreMovieDataList(httpData) {
  var movies = [];
  for (let i in httpData.subjects) {
    let subject = httpData.subjects[i];
    let title = subject.title;
    let stars = subject.rating.stars / 10;
    let score = subject.rating.average;
    let mid = subject.id;
    console.log("starts:", stars);
    if (title.length >= 6) {
      //设置标题显示长度,如超过6个字符,则进行截断,使用...进行代替
      title = title.substring(0, 6) + ' ...';
    }
    var temp = {
      title: title,
      stars: stars,
      score: score,
      movieImagePth: subject.images.large,
      movieId: mid
    }
    movies.push(temp);
  }
  return movies;
},
```

此方法在电影首页中已经使用过，这里不再赘述，最后通过 setData 方法把数据绑定到 movies 属性中。

保存代码，自动编译后，运行成功，效果如图7-3所示。

图 7-3   "更多"电影显示效果

（3）对 http 请求数据进行封装，获取电影数据。

在电影首页的功能实现中，对 http 的数据请求进行了简单的封装，其目的是降低电影首页中多次使用请求服务器数据的复杂性。在实际开发中，小程序中大部分数据来自请求服务端，因此它不只是某一个页面功能的重复，更应该是整个项目的重复利用。接下来通过对 http 的数据请求进行封装，来满足整个项目的重复调用。

首先在 util 目录中添加两个 JS 文件，分别为 config. js 和 request. js。config. js 表示项目相关配置，这里主要是针对 http 的请求地址的配置，request. js 对微信 API 的 wx. request 进行封装。

config. js 的代码示例如下：

```
//配置服务器相关信息
export default {
  host: ' http://t.talelin.com/v2' ,
}
```

request. js 的代码示例如下：

```
import config from ' ./config'
//使用 ES8 中的 Promoise 方式对 http 请求进行封装，避免回调地狱
export default (url, data = {}, method = ' GET' ) => {
```

```
return new Promise((resolve, reject) => {
    wx.request({
        url: config.host + url,
        data,
        method,
        header: {
            "content- type": "json"
        },
        success: (res) => {
            // resolve 修改 promise 的状态为成功状态 resolved
            resolve(res.data);
        },
        fail: (err) => {
            // reject 修改 promise 的状态为失败状态 rejected
            reject(err);
        }
    });
});
}
```

在上述的代码中，使用了 ES8 的新特性对 http 请求进行封装，其逻辑比较简单，主要是通过 ES6 中的 Promise 方式进行处理。考虑到是对整个项目的 http 进行封装，因此在请求 success 回调方法时，仅仅修改 Promise 的状态为成功状态。

回到 more-movie. js 文件中，对数据绑定的内容进行修改，代码示例如下：

```
/**
 *生命周期函数--监听页面加载
 */
async onLoad(options) {
    const category = options.category;
    this.data._category = category;
    let url = "/movie/" + category;
    let data = {
        start: 0,
        count: 12
    };

    let httpData = await request(url, data);
    let movies = this.getMoreMovieDataList(httpData);
    console.log("movies", movies);
    this.setData({
        movies: movies
    });
},
```

需要注意的是，由于采用 Promise 方式获得数据，按照 ES8 语法的要求，需要在 onLoad 的方法声明中加入 "async" 关键字，同时使用 "await" 关键字调用 request 模块的方法。

保存代码，自动编译后，运行效果与图 7-3 效果一样。

7.2 完成刷新电影页面与加载更多（分页显示）功能

7.2.1.1 任务需求

在上一任务基础上，本任务实现下拉刷新页面功能和上滑分页加载更多数据内容功能。

7.2.1.2 效果预览

完成本任务后，编译，运行，进入"即将上映"对应的更多页面，下拉刷新页面，效果如图 7-4 所示。

图 7-4　下拉刷新页面效果

在 App 的应用中，下拉刷新和上滑加载更多是一组比较经典的操作。本小节将学习如何在小程序中实现这些功能。在小程序中，不需要开发者自己实现下拉刷新的代码编写，小程序已经提供了相关的配置与 API，只需要在 Page 对象上实现 onPullDownRefresh 方法就可以。

同样，为 Page 对象中提供了一个 onReachBottom 方法，每次用户上滑触底后触发执行。

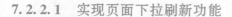

7.2.2.1　实现页面下拉刷新功能

要实现一个页面的下拉刷新操作，需要分为 3 个步骤：

（1）在页面的 JSON 文件中配置 enablePullDownRefresh 选项，打开下拉刷新开关。

（2）在页面的 JS 文件中编写 onPullDownRefresh 方法，完成下拉刷新的业务逻辑。

（3）编写完下拉刷新逻辑代码后，主动调用 wx. stopPullDownRefresh 方法停止当前页面的下拉刷新。

接下来就按照这 3 个步骤实现下拉刷新的功能，具体实现步骤如下：

（1）配置 enablePullDownRefresh 选项开关。

首先需要在 more-movie. json 文件中配置下拉刷新开关，加入配置代码如下：

```
{
  "usingComponents": {
    "hp-movie":"/components/movie/index"
  },
  "enablePullDownRefresh": true,
  "backgroundTextStyle": "dark"
}
```

加粗代码为新添加的代码。需要注意的是，在默认情况下，下拉刷新的等待图标是白色，因此无法明显地看到下拉刷新的等待状态。解决这个问题最简单的方法就是设置 back-groundTextStyle 的属性为"dark"，这样下拉刷新的等待图标变成 dark。效果如图 7-5 所示。

图 7-5　下拉刷新等待标识

（2）添加下拉刷新业务逻辑。

页面打开下拉刷新开关后，当用户下拉页面时，都将触发执行页面中的 onPullDownRefresh 方法。在 more-movie. js 文件中添加 onPullDownRefresh 方法，并完成刷新的逻辑，代码示例如下：

```
/**
 *页面相关事件处理函数--监听用户下拉动作
 */
onPullDownRefresh: async function () {

  console.log("===onPullDownRefresh=====");
  let url = "/movie/" + this.data._category;
  let data = {
    start:0,
    count:12
  };
  let httpData = await request(url,data);
```

```
    let movies = this.getMoreMovieDataList(httpData);
    this.setData({
      movies:movies
    });
  }
```

整体的逻辑比较简单，与 onLoad() 方法的逻辑非常相似，但需要注意 category 类型获取。在 onLoad 方法逻辑处理中，已经保存了 category 类型变量值，再次获取即可。

保存代码，自动编译，运行代码。从 UI 界面是无法直接看到刷新效果的，但可以借助开发工具的"Network"面板，观察每次刷新是否有向服务器进行请求，图 7-6 所示，显示了 3 次下拉刷新 more-movie 页面后"Network"面板的请求发送情况。

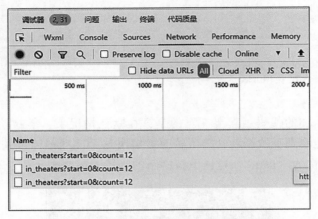

图 7-6　3 次刷新后"Network"面板的显示情况

（3）主动停止页面刷新的状态。

需要在处理页面数据绑定后进行操作，修改 onPullDownRefresh 方法，代码示例如下：

```
/**
 *页面相关事件处理函数--监听用户下拉动作
 */
onPullDownRefresh: async function () {
  console. log("===onPullDownRefresh=====");
  let url = "/movie/" + this.data._category;
  let data = {
    start:0,
    count:12
  };
  let httpData = await request(url,data);
  let movies = this.getMoreMovieDataList(httpData);
  this.setData({
    movies:movies
  });
  wx.stopPullDownRefresh();
},
```

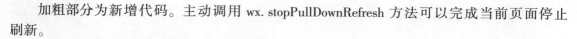

加粗部分为新增代码。主动调用 wx. stopPullDownRefresh 方法可以完成当前页面停止刷新。

7.2.2.2　实现页面上滑加载更多数据

在传统的 Web 网页上，通过分页来实现显示更多数据，在移动端，通过不断地上滑页面来实现加载更多数据。

实现上滑加载更多的逻辑主要就是每次用户上滑到页面底部时，分页加载下一页数据。因此，实现的关键是页面"触底"时，执行"加载更多"操作。在小程序中同样提供 onReachBottom 方法。当用户上滑触底后触发执行，所以，只需要编写小程序提供的 onReach-Bottom 方法，即可实现 more-movie 页面的上滑加载更多数据功能。

在 more-movie. js 页面实现 onReachBottom 方法，其代码示例如下：

```
/**
 *页面上滑触底事件的处理函数
 */
onReachBottom:async function () {

  console.log("=====onReachBottom====");
  let url = "/movie/"+this.data._category;
  let data = {
    start:this.data.movies.length,
    count:12
  };
  let httpData = await request(url,data);
  let movies = this.getMoreMovieDataList(httpData);
  this.setData({
    movies:movies
  });
}
```

在上述代码中，主要的逻辑与刷新的逻辑很相似，但需要注意设置请求 data 变量的 start 属性为 movies. length，表示页面的集合数据是进行累加的。同时，还需要对 getMoreMovie-DataList 方法进行修改，其代码示例如下：

```
//处理数据
getMoreMovieDataList(httpData) {
  var movies = [];
  for (let i in httpData.subjects) {
    let subject = httpData.subjects[i];
    let title = subject.title;
    let stars = subject.rating.stars / 10;
    let score = subject.rating.average;
    let mid = subject.id;
    console.log("starts:", stars);
    if (title.length >= 6) {
      //设置标题显示长度,超过6个字符时进行截断,使用...进行代替
```

```
        title = title.substring(0, 6) + '...';
    }
    var temp = {
        title: title,
        stars: stars,
        score: score,
        movieImagePth: subject.images.large,
        movieId: mid
    }
    movies.push(temp);
}

var totalMovies = [];
//上滑加载新的数据追加到原movies 数组中
totalMovies = this.data.movies.concat(movies);
return totalMovies;
}
```

加粗的代码为新增代码，主要内容是添加 totalMovies 集合对象，把每次 http 请求获取的数据进行追加，然后返回。因此，在页面数据绑定的 movies 集合都是追加之后的结果。

保存代码，自动编译，运行代码。可以通过调试器面板中"AppData"和"NetWork"的数据变化来判断是否加载成功，如图 7-7 所示。

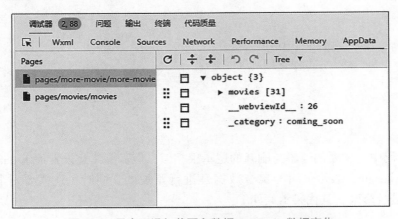

图 7-7　用户下滑加载更多数据 AppData 数据变化

在 more-movie 页面下滑加载更多操作，可以看到 AppData 中的 movies 集合已经累加到 31。

当通过上滑加载更多数据后，回到下拉刷新操作后，数据依然在追加，因此需要修改 onPullDownRefresh 中的逻辑。代码示例如下：

```
/**
*页面相关事件处理函数--监听用户下拉动作
*/
onPullDownRefresh: async function () {
```

```
console. log("===onPullDownRefresh=====");
//刷新页面后,将页面所有初始化参数恢复到初始值
this.data.movies = [];
let url = "/movie/" + this.data._category;
let data = {
  start:0,
  count:12
};
let httpData = await request(url,data);
let movies = this.getMoreMovieDataList(httpData);
this.setData({
  movies:movies
});
wx.stopPullDownRefresh();
},
```

加粗部分为新添加的代码。当下拉刷新触发 onPullDownRefresh 方法时,在加载新的数据之前,对 movies 的数据进行初始化操作。

完成以上代码后,基本完成上滑加载更多数据的功能。

7.2.2.3 完成"更多"页面优化

前面已经完成"更多"电影页面的核心功能,为了得到更好的用户体验,对本页面其他的细节进行优化。主要的优化功能有两个:

(1)从电影首页进入"更多"页面时,动态设置"更多"页面标题。

(2)动态设置导航栏 loading 图标。

首先实现设置动态标题的功能。可以通过在 Page 中使用 onReady 方法来实现,其代码示例如下:

```
/**
 *生命周期函数--监听页面初次渲染完成
 */
onReady: function () {

  let title = "电影";
  if(this.data._category == 'in_theaters' ){
    title = "正在热映";
  }else if(this.data._category == 'coming_soon' ){
    title = "即将上映";
  }else if(this.data._category == 'top250' ){
    title = "豆瓣 Top250";
  }
  wx.setNavigationBarTitle({
    title: title,
  })
}
```

上述代码逻辑很简单，就是根据 category 的值来判断标题，然后通过 setNavigationBarTitle 动态设置标题。

保存代码，自动编译，运行效果如图 7-8 所示。

接下来完成动态设置导航栏 loading 图标。

在前面实现了 more-movie 页面的下拉刷新电影与上滑加载更多电影数据的操作，但是整体加载数据的过程体验并不是那么好。例如，在上滑加载更多的数据时，从触发加载数据到数据显示，整个过程没有等待提示，当数据加载完成后，"突然"就显示出来了。

在前面的单元中，学习过 wx. showToast 的 API 的使用，在页面的中间位置显示提示框。除此之外，微信小程序也提供了其他更小的侵入式提示的解决方案，即使用 wx. show NavigationBarLoading 方法和 wx. hideNavigationBarLoading 方法，一个负责显示 loading 状态图标，另一个负责隐藏 loading 状态图标。

那么需要对哪些操作调用这些方法呢？基本上是在进行 http 请求的前一步调用 wx. showNavigationBarLoading

图 7-8　在页面动态设置标题效果

方法来提示用户数据加载，当完成数据绑定并且数据已经完成渲染后，就应该调用 wx. hideNavigationBarLoading 方法隐藏状态图标。具体是在页面加载和上滑加载数据时，调用显示 loading 状态图标；在完成了页面加载、下拉刷新、上滑加载更多数据后，隐藏 loading 状态图标。

在 onLoad 方法中加入显示 loading 状态图标代码，修改代码示例如下：

```
/**
*生命周期函数--监听页面加载
*/
onLoad: async function (options) {
 const category = options.category;
 this.data._category = category;
 let url = "/movie/"+ category;
 let data = {
  start: 0,
  count: 12
 };

 //显示 loading 提示
 wx.showNavigationBarLoading();

 let httpData = await request(url, data);
 let movies = this.getMoreMovieDataList(httpData);
 console.log("movies",movies);
 this.bindmoviesData(movies);
},
```

加粗代码为新增加的代码。需要注意的是，为了方便统一处理 loading 状态图标的隐藏，可以为数据绑定的处理单独编写一个方法，即 bindMoviesData 方法。代码示例如下：

```
//绑定数据处理
bindmoviesData(data) {
  this.setData({
    movies: data
  });
  //隐藏 loading 加载图标
  wx.hideNavigationBarLoading();
},
```

在上滑加载更多方法 onReachBottom 中加入显示 loading 状态图标的代码，代码示例如下：

```
onReachBottom: async function () {
  console.log("=====onReachBottom====");
  let url = "/movie/" + this.data._category;
  let data = {
    start: this.data.movies.length,
    count: 12
  };
  //显示 loading 提示
  wx.showNavigationBarLoading();

  let httpData = await request(url, data);
  let movies = this.getMoreMovieDataList(httpData);
  this.bindmoviesData(movies);
}
```

以上就是动态设置导航栏 loading 状态图标的实现内容，但需要注意以下几点：

（1）下拉刷新没有使用导航栏的 loading 状态图标，因为下拉刷新本身在页面就有一个 loading 状态图标，所以这里可以不重复使用。

（2）在 onLoad 方法中调用 showNavigationBarLoading 方法来设置页面导航栏是有风险的，推荐在 onReady 方法中进行调用，代码示例如下：

```
/**
 *生命周期函数--监听页面初次渲染完成
 */
onReady: function () {
  let title = "电影";
  if (this.data._category == 'in_theaters'){
    title = "正在热映";
  } else if (this.data._category == 'coming_soon') {
    title = "即将上映";
  } else if (this.data._category == 'top250') {
    title = "豆瓣 Top250";
  }

  wx.setNavigationBarTitle({
```

```
    title: title,
})
//显示 loading 提示
wx.showNavigationBarLoading();
}
```

保存代码，运行，效果与预览效果一致。

7.3 完成电影详情页面功能

7.3.1 任务描述

7.3.1.1 任务需求

本任务主要完成当用户单击电影图片进入电影详情页面后，电影信息的展示和电影海报的展示功能。电影详细信息主要内容包括3个部分：电影基本信息、剧情简介、影人。在影人展示部分需要同时展示多个不同影人信息。

7.3.1.2 效果预览

完成本任务后，编译，运行，进入电影首页，单击某一张电影图片，进入电影详情页面，运行效果如图7-9所示。

图7-9 电影详情页面

7.3.2 任务实施

对电影详情页面的功能实现基本是原有知识点的再次应用，仅仅在影人部分使用到小程序的 scroll-view 组件。从整体的功能进行分析，实现步骤如下：

（1）新建电影详情页面，完成从不同模块中的电影跳转到电影详情页面的功能实现。

（2）完成电影详情页面的骨架与样式。

（3）编写电影详情页面的业务逻辑代码。

（4）设置电影页面的导航标题。

（5）完成在电影详情页面中预览电影海报的功能。

基于对电影详情页面的业务分析，编码完成此功能，其具体步骤如下：

1. 创建电影详情页面

首先在 pages 目录中新增 movie-detail 目录，并新建 page，完成对应目录结构，如图 7-10 所示。

接下来实现用户单击不同电影页面中的电影图片后跳转到电影详情页面。由于之前所有电影显示都采用自定义组件完成，这里只需要在自定义组件 movie 中完成事件处理，这些引用自 movie 中的内容都会更

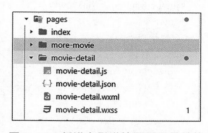

图 7-10 新增电影详情页面目录结构

新此功能，这也是使用自定义组件的优势。只需要在 movie 组件中添加一个事件方法 onGoToDetail，然后在 movie 组件对应的 JS 文件中处理就可以了。代码示例如下：

```
/**
*组件的方法列表
*/
methods: {
 onGoToDetail: function (event) {
    //获得电影编号
    const mid = this.properties.movie.movieId;
    console.log("===mid===", mid);
    wx.navigateTo({
      url: ' /pages/movie-detail/movie-detail? mid=' + mid
    })
  }
}
```

在自定义组件中，methods 属性的主要功能是添加组件业务逻辑，这里完成从文章列表页面跳转到电影详情页面具体逻辑。首先要获取当前电影编号，然后使用请求参数的方式把它传输到电影详情页面中去。

保存代码，自动编译，运行，可以实现跳转到电影详情页面的功能。

2. 完成电影详情页面的骨架与样式

在 movie-detail. wxml 文件中添加页面元素的内容，代码示例如下：

```
<view class="container">
<!--电影详情头部内容 -->
<image mode="aspectFill" class="head-img" src="{{movie. movieImage}}"></image>
<view class="head-img-hover">
 <text class="main-title">{{movie.title}}</text>
 <text class="sub-title">{{movie.subTitle}}</text>
 <view class="like">
  <text class="highlight-font">{{movie.wishCount}}</text>
  <text class="plain-font">人喜欢</text>
  <text class="highlight-font">{{movie.commentsCount}}</text>
  <text class="plain-font">条评论</text>
 </view>
 <image bind:tap="onViewPost" class="movie-img" src="{{movie.movieImage}}"></image>
</view>
<!--剧情简介 -->
<view class="summary">
 <view class="original-title">
  <text>{{movie.originaTitle}}</text>
 </view>
 <view class="flex-row">
  <text class="mark">评分</text>
  <view class="score-container">
   <l-rate disabled="{{true}}" size="22" score="{{movie.stars}}" />
   <text class="average">{{movie.score}}</text>
  </view>
 </view>
 <view class="flex-row">
  <text class="mark">导演</text>
  <text>{{movie.director.name}}</text>
 </view>
 <view class="flex-row">
  <text class="mark">影人</text>
  <text>{{movie.casts}}</text>
 </view>
 <view class="flex-row">
  <text class="mark">类型</text>
  <text>{{movie.generes}}</text>
 </view>
</view>
<view class="hr"></view>
<view class="synopsis">
 <text class="synopsis-font">剧情简介</text>
 <text class="summary-content">{{movie.summary}}</text>
</view>

<view class="hr"></view>
<!--影人列表信息 -->
```

```
<view class="casts">
  <text class="cast-font">影人</text>
  <scroll-view enable-flex scroll-x class="casts-container">
    <block wx:for="{{movie.castsInfo}}" wx:key="index">
      <view class="cast-container">
        <image class="cast-img" src="{{item.img}}"></image>
        <text>{{item.name}}</text>
      </view>
    </block>
  </scroll-view>
</view>
</view>
```

加粗的代码是电影详情页面中影人列表信息的部分。这里使用容器组件<scroll-view>表示可滚动视图区域。使用竖向滚动时，需要给 scroll-view 一个固定高度，可以通过 WXSS 设置 height 实现。该组件的核心属性与使用说明如下：

- scroll-x 类型：boolean，表示允许横向滚动。
- enable-flex 类型：boolean，表示启用 flexbox 布局。开启后，当前节点声明了 display：flex，就会成为 flex container，并作用于其子节点。

接下来在 movie-detail.wxss 文件中添加电影详情页面样式，其代码示例如下：

```
.container{
  display: flex;
  flex-direction: column;
}

.head-img{
  width: 100%;
  height: 320rpx;
  -webkit-filter:blur(20px);
}

.head-img-hover{
  width: 100%;
  height: 320rpx;
  position: absolute;
  display: flex;
  flex-direction: column;
}

.main-title{
  font-size:38rpx;
  color:#fff;
  font-weight:bold;
  letter-spacing: 2px;
  margin-top: 50rpx;
```

```
    margin-left: 40rpx;
}

.sub-title{
    font-size: 28rpx;
    color:#fff;
    margin-left: 40rpx;
    margin-top: 30rpx;
}

.like{
    display:flex;
    flex-direction: row;
    margin-top: 30rpx;
    margin-left: 40rpx;
}

.highlight-font{
    color: #f21146;
    font-size:22rpx;
    margin-right: 10rpx;
}

.plain-font{
    color: #666;
    font-size:22rpx;
    margin-right: 30rpx;
}

.movie-img{
    height:238rpx;
    width: 175rpx;
    position: absolute;
    top:160rpx;
    right: 30rpx;
}

.summary{
    margin-left:40rpx;
    margin-top: 40rpx;
    color: #777777;
}

.original-title{
    color: #1f3463;
    font-size: 24rpx;
    font-weight: bold;
    margin-bottom: 40rpx;
}
```

```
.flex-row{
  display: flex;
  flex-direction: row;
  align-items: baseline;
  margin-bottom: 10rpx;
}

.mark{
  margin-right: 30rpx;
  white-space:nowrap;
color: #999999;
}

.score-container{
  display: flex;
  flex-direction: row;
  align-items: baseline;
}

.average{
  margin-left:20rpx;
  margin-top:4rpx;
}

.hr{
  margin-top:45rpx;
  width: 100%;
  height: 1px;
  background-color: #d9d9d9;
}

.synopsis{
  margin-left:40rpx;
  display:flex;
  flex-direction: column;
  margin-top: 50rpx;
}

.synopsis-font{
  color:#999;
}

.summary-content{
  margin-top: 20rpx;
  margin-right: 40rpx;
  line-height:40rpx;
  letter-spacing: 1px;
}

.casts{
  display: flex;
flex-direction: column;
```

```
   margin-top:50rpx;
   margin-left:40rpx;
  }

  .cast-font{
   color: #999;
   margin-bottom: 40rpx;
  }

  .cast-img{
   width: 170rpx;
   height: 210rpx;
   margin-bottom: 10rpx;
  }

  .casts-container{
   display: flex;
   flex-direction: row;
   margin-bottom: 50rpx;
   margin-right: 40rpx;
   height: 300rpx;
  }

  .cast-container{
   display: flex;
   flex-direction: column;
   align-items: center;
   margin-right: 40rpx;
  }
```

目前为止，已经完成电影详情页面的元素与样式，但现在还无法看到页面运行效果，接下来完成业务逻辑。

3. 编写电影详情页面的业务逻辑

对电影详情的业务逻辑处理，就是根据电影编号请求获得电影详情信息，因此，在页面加载 onLoad 方法，代码示例如下：

```
/**
 *生命周期函数--监听页面加载
 */
onLoad: async function (options) {
  //获得电影编号
  const mid = options. mid;
  //发送 http 请求获取对应电影对象明细
  let url = "/movie/subject/" + mid;
  let httpData = await request(url);
  let movieData = this.getMovieData(httpData);
  this.setData({
   movie: movieData
  });
 },
```

上述代码中，通过封装好的 http 请求获得电影详情信息，数据通过 getMovieData 方法进行处理，其代码示例如下：

```
//处理电影详情数据
getMovieData: function (data) {

  console.log("====getMovieData===");
  console.log(data);
  if (!data) {
    return;
  }

  //定义导演对象
  var director = {
    avator: "",
    name: "",
    id: ""
  };
  if (data.directors[0] != null) {
    if (data.directors[0].avatars != null) {
      //获得导演图像路径
      director.avator = data.directors[0].avatars.large;
    }
    //导演姓名
    director.name = data.directors[0].name;
    director.id = data.directors[0].id;
  }
  var movieData = {
    //电影图片路径
    movieImage: data.images ? data.images.large : "",
    //国家
    country: data.countries[0],
    //标题
    title: data.title,
    //小标题
    originaTitle: data.original_title.length < 15 ? data.original_title : data.original_title.substring(0, 25) + ' ...',
    //喜欢人数
    wishCount: data.reviews_count,
    //评论条数
    commentsCount: data.comments_count,
    //年份
    year: data.year,
    //类型
    generes: data.genres.join("、"),
    //评星
    stars: data.rating.stars / 10,
    //评分
```

```
        score: data.rating.average,
        //导演
        director: director,
        //影人
        casts: util.convertToCastString(data.casts),
        castsInfo: util.convertToCastInfos(data.casts),
        //摘要
        summary: data.summary,
        subTitle: data.countries[0] + " · " + data.year
    }
    return movieData;
},
```

上述方法对从 http 服务器端获取的电影信息进行处理，并封装到集合返回，最后通过数据绑定到视图上进行数据显示。

保存代码，运行，效果如图 7-11 所示。

图 7-11　电影详情信息效果

从图可见，导航栏上的标题还是默认"厚溥微信小程序"，接下来需要优化导航栏标题。

4. 设置电影页面的导航标题

设置电源页面的导航标题，需要在 movie-detail.js 文件的 onLoad 方法中进行处理。其具体实现内容见如下代码示例：

```
//设置标题
wx.setNavigationBarTitle({
 title:movieData.title
})
```

保存代码，运行，效果如图7-8所示，与任务预览效果一样。

5. 完成在电影详情页面中预览电影海报的功能

接下来需要完成单击电影详情页面的电影图片后，打开一张电影海报大图。在编写 movie-detail.wxml 文件元素时，已经在 image 上注册了 onViewPost 事件，现在只需要实现 onViewPost 方法逻辑即可。代码示例如下：

```
//设置预览电影海报
 onViewPost(event) {
  wx.previewImage({
   urls: [this.data.movie.movieImage],
  })
 },
```

保存代码，运行后，单击小海报，将打开一张大图，如图7-12所示。

图7-12　电影海报大图显示效果

至此，已经完成电影模块的所有功能。

>>>>>>>>> 单元小结 >>>>>>>>>

- 完成"更多"电影页面功能。
- 完成刷新电影页面与加载更多（分页显示）功能。
- 完成电影详情页面功能。
- 掌握基于 Promise 封装 http 请求的 API。

>>>>>>>>> 单元自测 >>>>>>>>>

1. 微信小程序中，scroll-view 组件的属性是（　　　）。

A. scroll-x　　　　　　B. scroll-y　　　　　　C. height　　　　　　D. enable-flex

2. 下列关于微信小程序中动态设置导航栏标题和 loading 状态图标的说法，错误的是（　　　）。

A. 微信小程序页面标题可以通过配置文件与调用方法两种方式实现

B. 相比 wx. showToast 提示动态导航，loading 状态图标的提示方式侵入性更小，用户体验更好

C. wx. showNavigationBarLoading 方法必须与 wx. hideNavigationBarLoading 配对使用，否则，程序会报异常

D. 由于版本兼容的问题，在 onLoad 函数中调用 wx. showNavigationBarLoading 方法存在风险，更加推荐在 onReady 方法中进行调用

3. 下列选项中，关于小程序页面实现下拉刷新与上滑加载数据的说法，错误的是（　　　）。

A. 在实现页面下拉刷新步骤中，必须先要在 JSON 文件中配置 enablePullDownRefresh 选项为"true"

B. 要实现下拉刷新的逻辑处理，只需使用 Page 对象中的 onPullDownRefresh 方法即可

C. 在实现上滑加载数据功能时，除了需要实现 Page 对象中的 onReachBottom 方法外，还要在 JSON 文件中配置相关属性

D. 在实现下滑刷新功能后，需要调用 wx. stopPullDownRefresh 方法停止页面刷新

4. 下列选项中，关于使用 Promise 封装 http 请求数据的说法，错误的是（　　　）。

A. 在调用基于 Promise 封装 http 请求数据的方法时，被调用的方法声明必须使用"async"关键字

B. 在调用基于 Promise 封装 http 请求数据的方法时，必须使用"await"关键字

C. 使用基于 Promise 封装 http 请求的方法，可以避免"回调地狱"编程方式

D. 在微信小程序中使用基于 Promise 封装 http 请求方法有版本的限制，需要谨慎使用

5. 下列关于 scroll-view 组件的描述，错误的是（　　　）。

A. scroll-view 组件是可滚动视图区域

B. scroll-into -view 的值是某子元素的 id（id 允许以数字开头）

C. scroll-top 设置竖向滚动条位置

D. scroll-left 设置横向滚动条位置

上机实战

上机目标

- 进一步掌握自定义组件的使用。
- 掌握基于 Promise 封装 http 请求方法的使用。

上机练习

◆第一阶段◆

练习：基于 Promise 封装 http 请求方法，重构电影首页功能。

【问题描述】

（1）理解基于 Promise 封装 wx. request 方法的原理。

（2）电影首页的电影列表展示使用封装后的方式进行重新程序设计。

【问题分析】

在未使用 Promise 封装 wx. request 方法之前，电影首页数据展示都是直接通过硬编码的方式把请求参数与数据放在一起，这样的程序设计不利于程序的模块复用。在本单元的电影详情页面中对 wx. request 方法进行了封装，接下来将按照新的 API 实现原来的电影首页的功能模块。

【参考步骤】

1. 引入已经封装的 request. js 模块

首先在 movies. js 中导入 request. js 模块，代码示例如下：

```
import request from '../../util/request'
```

2. 修改 movies. js 中处理请求服务器数据方法

接着修改 movies. js 中处理请求服务器数据方法 bindMoviesDataByCategory，代码示例如下：

```
//基于不同 url 对 http 请求获得服务器数据进行封装
async bindMoviesDataByCategory(url, data = {}, settedKey, categoryTitle) {
  let httpData = await request(url, data);
  this.processMovieData(httpData,settedKey,categoryTitle);
},
```

3. 修改 movies. js 中处理请求服务器数据方法

最后修改 movies. js 的 onLoad 方法，代码示例如下：

```
/**
 *生命周期函数--监听页面加载
 */
onLoad: function (options) {

    //绑定正在热映的电影数据
    this.bindMoviesDataByCategory("/movie/in_theaters", {
        start: 1,
        count: 3
    }, "inTheaters", "正在热映");
    //绑定即将上映的电影数据
    this.bindMoviesDataByCategory("/movie/coming_soon", {
        start: 1,
        count: 3
    }, "comingSoon", "即将上映");
    //绑定 Top250 的电影数据
    this.bindMoviesDataByCategory("/movie/top250", {
        start: 0,
        count: 3
    }, "Top250", "豆瓣 Top250");
},
```

保存代码，进行测试，效果与之前一样，表示运行成功。

单元八

个人功能

 课程目标

知识目标

❖完成"我的"页面功能

❖完成文章"阅读历史"页面功能

❖完成页面功能的设置

❖完成页面其他 API 的使用演示功能设置

技能目标

❖掌握 iconfont 字体图标的使用

❖掌握设备相关 API 的使用

素质目标

❖培养有耐心、不急躁的品格，处理问题有条不紊

❖具有危机意识，努力做好本职工作

❖具有分析问题、解决问题的能力

简 介

本单元的主要任务是完成"我的"页面功能。在这个页面中包含两个子任务：一个任务是完成文章阅读历史功能，这个任务是对原有的实战内容的再次应用；另一个任务是设置功能页面，这个任务主要是对原有的内容的使用进行补充，主要介绍微信小程序其他常用的 API 的使用方法。不同于文章和电影页面，"设置"页面功能类似于小程序 API 的示例集合。

8.1 完成"我的"页面功能

8.1.1 任务描述

8.1.1.1 任务需求

在上一单元中，已经全部完成了电影模块的所有功能，本任务主要完成"我的"页面实现。要完成此页面功能，除了使用原有的实战技巧外，还需要掌握 iconfont 字体图标的使用和基于 Base64 图片的背景设置技巧。

8.1.1.2 效果预览

完成本任务后，编译，进入"我的"页面，效果如图 8-1 所示。

图 8-1 "我的"页面最终实现效果

8.1.2 任务实施

1. 完成"我的"页面基本的骨架与样式

在已经创建好的 profile. wxml 文件中构建页面元素，其代码示例如下：

```
<view class="profile-header">
 <view class="avatar-url">
  <open-data type="userAvatarUrl"></open-data>
 </view>
 <open-data type="userNickName" class="nickname"></open-data>
</view>


<view class="nav">
 <!--阅读历史页面-->
 <view class="nav-item">
  <navigator class="content" hover-class="none" url="/pages/profile/pro-history/pro-history">
   <text class="text">阅读历史</text>
  </navigator>
 </view>
 <!--设置页面-->
 <view class="nav-item">
  <navigator class="content" hover-class="none" url="/pages/setting/setting">
   <text class="text">设置</text>
  </navigator>
 </view>
</view>
```

需要注意的是，加粗的代码中使用了两个新的组件：<open-data>组件和<navigator>组件，其具体使用如下：

➢ <open-data>组件

使用<open-data>组件来显示用户图像和昵称信息。<open-data>组件是"开放能力"分类中用户展示微信开发数据的组件，type 属性设置要显示的具体内容，常用的属性值有：

- userNickName 用户昵称。不再返回，展示"微信用户"。
- userAvatarUrl 用户头像。不再返回，展示灰色头像。
- userGender 用户性别。不再返回，将展示为空（""）。
- userCity 用户所在省份。不再返回，将展示为空（""）。
- userCountry 用户所在国家。不再返回，将展示为空（""）。
- userLanguage 用户的语言。不再返回，将展示为空（""）

需要的注意的是，微信官方为了保证用户隐私安全，在最新的调整公告中（2022 年 2 月 21 日 24 时起收回通过此组件展示个人信息的能力），用户昵称不再返回展示，使用展示"微信用户"的内容进行代替。

➢ \<navigator\>组件

\<navigator\>组件是导航分类中用于页面链接的组件，这里使用到它的 hover-class 属性，表示指定单击时样式类。当 hover-class = "none" 时，表示没有单击效果。url 属性表示当前小程序内的调整链接。

接下来在"我的"页面样式文件 profile. wxss 中加入样式代码，代码示例如下：

```
page {
  background-color: #f1f1f1;
}

.profile-header {
  background-size: cover;
  height: 480rpx;
  display: flex;
  justify-content: center;
  flex-direction: column;
  align-items: center;
  color: #fff;
  font-weight: 300;
  text-shadow: 0 0 3px rgba(0, 0, 0, 0.3);
}

.avatar-url {
  width: 200rpx;
  height: 200rpx;
  display: block;
  overflow: hidden;
  border: 6rpx solid #fff;
  border-radius: 50%;
}

.nickname {
  font-size: 36rpx;
  margin-top: 20rpx;
  font-weight: 400;
}

/*导航 */

.nav {
  overflow: hidden;
  margin-right: 30rpx;
  margin-left: 30rpx;
  border-radius: 20rpx;
  margin-bottom: 50rpx;
  margin-top: 50rpx;
  box-sizing: border-box;
```

```
    display: block;
  }

  .nav-item {
    padding-right: 90rpx;
    position: relative;
    display: flex;
    padding: 0 30rpx;
    min-height: 100rpx;
    background-color: #fff;
    justify-content: space-between;
    align-items: center;
    box-sizing: border-box;
    border-bottom: 1rpx solid rgba(0, 0, 0, 0.1);
  }

  .content {
    font-size: 30rpx;
    line-height: 1.6em;
    flex: 1;
  }

  .img {
    display: inline-block;
    margin-right: 10rpx;
    width: 1.6em;
    height: 1.6em;
    vertical-align: middle;
    max-width: 100%;
  }

  .text {
    color: #808080;
  }

  .content .iconfont {
    color: #d43c33;
    font-weight: 600;
    margin-right: 30rpx;
  }

  .content .icon-gengduo {
    position: absolute;
    top: 50%;
    transform: translateY(-50%);
    right: 30rpx;
    bottom: 0;
    color: #808080;
    font-size: 28rpx;
  }
```

保存代码，运行，效果如图 8-2 所示。

2. 添加 Base64 图片的背景

完成了"我的"页面初步效果后，为用户信息部分添加背景图片。需要注意的是，在微信小程序中，组件如果设置背景图片，必须要设置在线的图片资料，否则是无法显示的。在实际开发中，推荐使用 Base64 图片的方式来设置背景。其实现过程为：通过搜索引擎输入"Base64 转图片工具"关键字，找到一个 Base64 在线转换工具，把想转换的图片上传，工具自动把对应图片转换为 Base64 的字符码，如图 8-3 所示。

图 8-2 "我的"页面初步实现效果

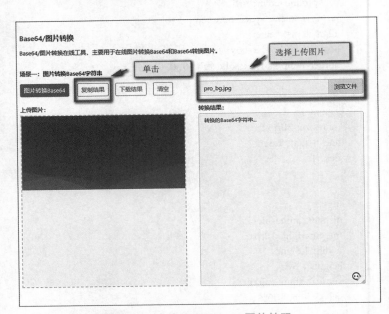

图 8-3 在线处理 Base64 图片转码

完成在线 Base64 图片转码后，单击"复制结果"按钮，把转码的结果复制到用户信息显示部分，修改对应样式，代码示例如下：

```
.profile-header {
  background-image: url(data:image/jpeg;base64,/9j/4AAQSkZJRgABAQAAAQABAAD/2wBDAAoHBwgHB
goICAgLCgoLDhgQDg0NDh0VFhEYIx8lJCIfIiEmKzcvJik0KSEiMEExNDk7Pj4+JS5ESUM8SDc9Pjv/2wBDAQoL
Cw4NDhwQEBw7KCIoOzs7Ozs7Ozs7Ozs7Ozs7Ozs7Ozs7Ozs7Ozs7Ozs7Ozs7Ozs7Ozs7Ozs7Ozs7Ozv/wgAR
CAEsAoADAREAAhEBAxEB/8QAGQABABAQEBAQEAAAAAAAAAAAAAECAwQF/8QAGgEBAAQEBAQEBA
AAAAAAAAAAAAAECAwQFBv/aAAwDAQACEAMQAAAA+Z8f98AAAAAAAAAAAAAAAAAAAAAAA
AAAAAAAAAAAAAAAAAAAAAAAAAAAAAAAAAAAAAAAAAAAAAAAAAAAAAAAAAAAA
AAAAAAAAAAAAAAAAAAAAAAAAAAAAAAAAAAAAAAAAAAAA
AAAAAAAAAAAAAAAAAAAAAAAAAAAAAAAAAAAAAAAAAAA
AAAAAAAAAAAAAAAAAAAAAAAAAAAAAAAAAAAAAAAAAAA
AAAAAAAAAAAAAAAAAAAAAAAAAAAAAAAAAAAAAAAAAAA
```

AAAAAAAAAAAAAAAAAAAAAAAAAAAAAAAAAAAAAAAAAAAAAAAAAAAAAAAAAAAAAAA
AAAAAAAAAAAAAAAAAAAAAAAAAAAAAAAAAAAAAAAAABSAApCkKQAFIUEAKQAAoIAAA
AUgAAAKACApCkBSAAAFIAUEBSFIUCFAAAIVCiAoQFJFoQpAWFCFIUAAQoBChCgAhRCgAAAIUAhQQo
ABCgQpAAAAAAAAAAAAAAAAAAAAAAAAAAAAAAAAAAAAAAAAAAApAAAAACkAAAAAA
AAAAKQAApAUgABQQAAAAApCygAAAAAAAAAAAAAAAAAAAAAAAAAAAAAAAAAACgAAA
AAAAAAAAAAAAAAAAAAAAAAAAAAAAAAAAAAAKgKCFABAUAAAhSAFAABAACgAAhQQApAAC
ggKACFIUgAAKAQoBCrAAAAAAAAAAAAAAAAAAAAAAAAAAAAAAAAAAAAAsoAAAAAAAAAA
AAAAAAAAAAAAAAAAAAAAAAAAAAAABQKkUAEKAAAAABSAIUACkQtAICgiAoAAAAFIAEBQABS
FSBQAABUSgAAAAAAAAAAAAAAAAAAAAAAAAAAAAAAAAAaTVmk1ZU1ZTyc+4AAAAAAAAAA
AAAAAAAAAAAAAABCgAAAAAAC2aTdzqzaLBSAsK8nPuAAAAAAAAAAAAAAAAAAAAAAAAAAAAAA
AABuzbO7nVhAAAAAMZ3lrMuVkoAAAAAAAAAAAAAAAAAAAAAAAAAAAAFs2zu53c0AAAAAAA7XAAi
4msy4axNYly1YlItCAsSqBEqkKQAQLUBSQFIUEKAFgSgkLUloQrSbuOlzuwAAIUAAAAAO1wAAAAMy4msS5
axNCggBFkRYAAAAAAAAAAAAAAAU6XHS53cgAAAAAAAAADtcAACmrmpqzSWwAYmuc3zmsTUgFIWGW
sy5lw1JQAAAAAAAAAB0uOlzu5IAUhSAAFICkAAAA7ayBtndzqyoAAAAABzm+c1yzuKAABFxNc5rE0AAA
AAAAAKnW46azUAAAAAAAAAAAA9Oue7jdhAAAAAAAAAMTXLO+U6RQAAJGJrnNYmwAAAAAN3PX
WNshQQpCkKCFJFoAABChACkK93TzUEACFAoBAlWAFIUgEYmuOenObgAABF551zm8qAABTpcdbi2CggAA
AAABSAFIAUEKQA9/TzAAAAAAAAAAAAAAReWenHPTKgAADnnXKbzNAVOusdLi0AAAAAAAAAAAAAA
AAPf08oAAAAAAAAAAAAAEXnnfDPTM0AAAMTXGdOlx0uKAAAAAAAAAAAAAAAAAD3dfMgAKQAA
CFAAAAAACkKQOM6efHYAAAAAAAAAAAAAAAAAAAAAD/8QAKxAAAgEDAQcEAgMBAAAAAAAA
AQIAAxExQQQTMEBCUWEhUFJgIHEQEpGg/9oACAEBAAE/AP8AvPsfpQRjhTBRcwUO7QUFgpIOmBQMAfR
gCcCCk50tBQ7tBRQQKBgD6RaCk50tBQ7mCkg0luIdkOjCHZag7GGhUHRCjDKke9BScCCgxybQUVHmAAYFu
UKKcqDDQpnph2VDgkQ7IdGh2eoNLwoy5U+4hGbAi0DqYKSDTniiNlQYdmpnAI/UOxN0n/RDslcdF4aFQZW
03D+JuG7ibhu4m4buJuHm5ebp/jP6MOky3sAUtgXi0Ccm0Wki6X50KTgQUmgo9zBSUQIo0Et/Nrw0UPTDs3xaGg
40v+oQRn8iinpENFIaA0aGi37hRhkcxaLRY+ItFR5lubAJgpMYKI1MCKMDikA5F41BD4jbMwwQYUZcgjgFORD
QXQ2hosMesIIyOSVGbAi0PkYFC4HOCkx8QUlHmAAco1FG0tG2Y9JvGRlyLcAi8NFT4jUWGPWW4q0WPiLSU
efeGoI2lo2zuMestbgFQciNQHSYyMuRwACcRaB6oqKuB74VDZF42zDpMZGTI4LUVOPQxqbL+AUtgRaHyMCh
RYC30FqCnHpHpMmRwWpK3gw0nBtaLRHVAAPotamoUsBY+4f/8QAHREBAQABBQEBAAAAAAAAAAAAAE
QAwARJAUGAgsP/aAAgBAgEBPwD8BsjxJEeKIzbYjXvCOMaRbY7M6Attt1iIiIiOjI5xEfREa4CI5RHNIzkYiOIc0ji
ltxEZiO4IxGI74xH0eCIwkR4bXTsP/8QAIREBAAICAgIDAQEAAAAAAAAAAAAQASAhEwQBNQIFFgA7D/2gAIA
QMBAT8A/wABnZLEtLMs/iLEvLP4qxLyzy+SXJYmz3diWertlmXZ5Jcmz2OwlpZ7wsuzyk8mMuSxLEuSxLEsSxN
norSz3rEtLM2/EyYf0hmfPbLMvLkE7LkSz3bEtNvMZsMyCPBtl2WOmoRzm+5YlnqmSQDI5nIjk+4M0hm
cRnBHhc4q+8FIZ/cEyEyYI/Fz+vwRmkMh4TJJYl+Gwyd69h//Z);


```css
    background-size: cover;
    height: 480rpx;
    display: flex;
    justify-content: center;
    flex-direction: column;
    align-items: center;
    color: #fff;
    font-weight: 300;
    text-shadow: 0 0 3px rgba(0, 0, 0, 0. 3);
  }
```

从上面的代码中可以看到，图片转换为 Base64 码就是很长的字符串码。需要注意的是，Base64 转换的图片不能太大，否则，转换的字符串非常长。

保存代码，运行，效果如图 8-4 所示。

3. 使用 iconfont 字体图标设置导航图标

在进行页面设计时，在页面中导航按钮的文字描述的前面通常会配上对应的图标，这样不仅使页面显示效果更加美观，还使用户对按钮的功能了解得更加清楚，从而提升用户的使用体验。

使用 iconfont 字体图标，需要借助阿里巴巴的矢量图标库（官方地址为 https://www.iconfont.cn/），该图标库功能很强大且图标内容很丰富，提供了矢量图标下载、在线存储、格式转换等功能，是设计和前端开发的便捷工具。

为了使用方便，首先需要注册一个账号，这个过程按照官方的向导来完成即可。通过页面提供的搜索功能，找到需要添加的图片。例如，此页面需要"历史""设置""更多"等图标，搜索"历史"关键字，如图 8-5 所示，出现很多关于"历史"关键字的图标。

根据页面设计需求，可以选择对应的图标，然后把它添加到购物车，如图 8-6 所示。

图 8-4 完成背景页面设置的页面效果

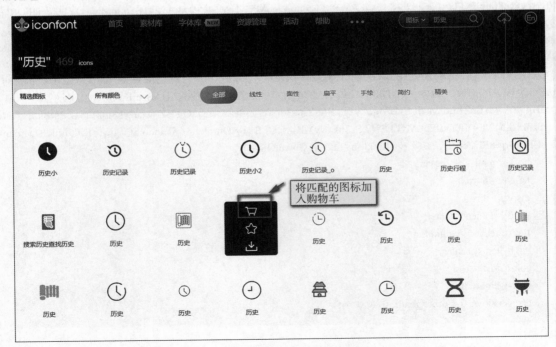

图 8-5 搜索"历史"关键字

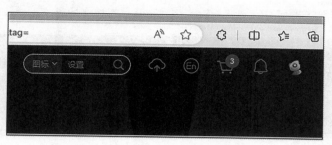

图 8-6　把图标添加至购物车

单击"购物车"图标，进入购物车页面，在此页面可以把选择好的图标添加到项目中，如图 8-7 所示。

单击"添加至项目"按钮，添加到已经创建好的项目中，如图 8-8 所示。

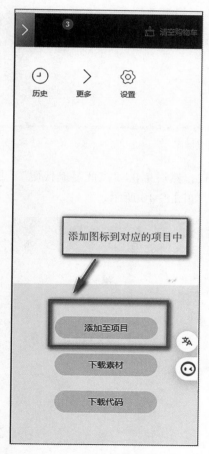

图 8-7　选择"添加至项目"

图 8-8　添加到微信小程序项目中

完成把图标添加到项目后，进入个人页面，单击"资源管理"链接，进入当前项目的图标库，如图 8-9 所示。

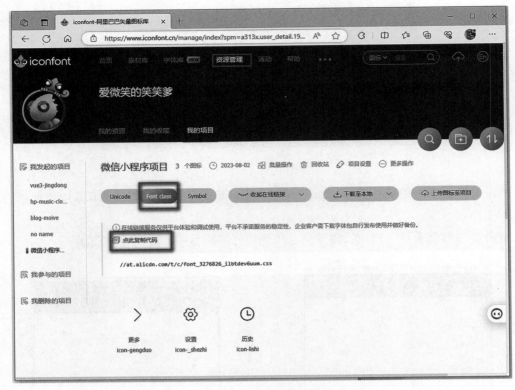

图 8-9　项目对应的图标库

　　进入"我的项目"主页，选择"Font class"方式，然后单击"点此复制代码"，把样式链接地址复制到浏览器地址中，打开对应地址内容，如图 8-10 所示。

图 8-10　项目字体图标样式

　　把网页中显示的样式代码进行复制，在项目中新创建一个全局样式文件 iconfont. wxss，把内容粘贴到此文件中，如图 8-11 所示。

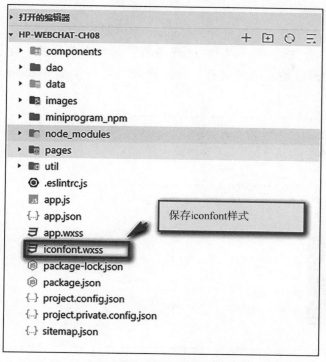

图 8-11　新建全局样式文件 iconfont. wxss

　　完成了创建全局样式文件 iconfont. wxss 之后，直接在项目全局样式文件 app. wxss 中导入 iconfont 的样式即可，代码示例如下：

```
@import "iconfont.wxss";
```

　　把 iconfont 样式导入全局样式文件中，就可以在任何页面直接引用 iconfont 样式了，最后在 profile. wxss 文件中添加字体标签的相关内容，代码示例如下：

```
<view class="nav">
<view class="nav-item">
 <navigator class="content" hover-class="none" url="/pages/profile/pro-history/pro-history">
  <i class="iconfont icon-lishi"></i>
  <text class="text">阅读历史</text>
  <i class="iconfont icon-gengduo"></i>
 </navigator>
</view>
<view class="nav-item">
 <navigator class="content" hover-class="none" url="/pages/setting/setting">
  <i class="iconfont icon-_shezhi"></i>
  <text class="text">设置</text>
  <i class="iconfont icon-gengduo"></i>
```

```
    </navigator>
    </view>
</view>
```

加粗代码为新添加的代码。这里介绍 iconfont 字体图标的使用方法。例如，为"阅读历史"链接加入图标，首先通过<i>标签进行显示，然后设置样式。在设置样式时，前面"iconfont"的样式是固定的，必须要有，后面样式类名需要在 iconfont 图标网站获取，如图 8-12 所示。

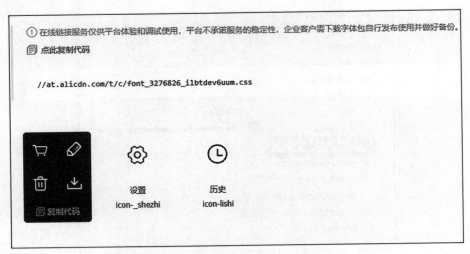

图 8-12　选择对应图标的样式名称

在 iconfont 网站项目图标库中，选择对应图标，单击"复制代码"复制图标类名，然后粘贴到 iconfont 类名后面即可。

保存代码，运行，其运行效果与本任务预览效果一致，表示任务已经顺利完成。

8.2　完成"阅读历史"功能

8.2.1　任务描述

8.2.1.1　任务需求

在上面的任务中已经完成"我的"页面显示功能，接下来完成"阅读历史"相关功能，其具体的功能如下：

（1）进入文章详情页面，记录阅读历史。

（2）在"我的"页面中对阅读历史记录进行查看。

8.2.1.2　效果预览

完成本任务后，编译，进入"我的"页面，单击"阅读历史"按钮，进入阅读历史页面，其效果如图 8-13 所示。

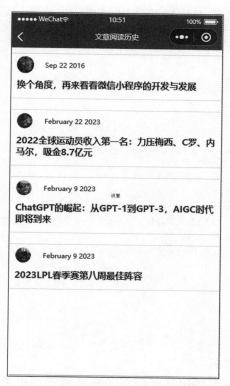

图 8-13 阅读历史页面显示效果

任务实施

基于上述需求分析，要完成阅读历史的功能，主要有两个步骤：第一，每次进入文章的详情页面时，保存阅读历史记录信息；第二，查看阅读历史记录列表，并可以从列表中再次进入文章详情页面。其具体的实现步骤如下：

1. 完成进入文章详情页面，保存阅读历史记录

使用微信小程序本地缓存来保存阅读历史记录，为了区分不同用户的历史记录，可以使用登录后的用户名作为本次缓存的 key（标识用户身份的 ID 号），因此，需要在 app.js 文件的 globalData 属性中添加一个全局变量 g_username，添加变量后，globalData 属性的代码示例如下：

```
globalData: {
// globalMessage : "I am global data",
//全局控制背景音乐播放状态
g_isPlayingMusic: false,
//全局控制当前音乐编号
g_currentMusicPosId:null,
//用户权限验证通过的用户名
g_username:"
},
```

　　同时修改 welcome. js 中用户登录授权相关逻辑，完成授权后设置全局用户变量，并初始化阅读历史记录。代码示例如下：

```
//用户登录授权
login() {
 console.log('用户单击登录授权');
 wx.getUserProfile({
  desc: '用于完善会员资料',
  success: res => {
   let userInfo = res.userInfo;
   //登录授权成功,保存用户信息到缓存
   wx.setStorageSync('userInfo', userInfo)
   //设置全局用户变量
   app.globalData.g_username = userInfo.nickName
   console.log('username', app.globalData.g_username)
   //用于保存最近的阅读记录
   wx.setStorageSync(app.globalData.g_username, [])
   this.setData({
    userInfo: userInfo
   });
  }
 })
},
```

　　加粗代码为新添加的代码。

　　同时修改 app. js 代码，如果用户已经完成授权，重启当前应用，对全局变量 g_username 进行赋值。代码示例如下：

```
var storageUserData = wx.getStorageSync('userInfo');
//获取授权用户名
if(storageUserData){
 this.globalData.g_username = storageUserData.nickName;
}
```

　　最后在文章详情页面逻辑处理文件 post-detail. js 中添加保存用户阅读文章历史记录的相关逻辑。先添加保存历史记录方法_savePostHistory()，代码示例如下：

```
//保存用户阅读文章历史记录
_savePostHistory(){
  const nowReadPost = this.data.post
  const username = app.globalData.g_username;
  console.log('username',username)
  const readHistory = wx.getStorageSync(username);
  console.log('readHistory',readHistory)
  let isContains = false;
  //判断当前阅读文章是否在历史中存在
  for(let i = 0,len = readHistory.length;i < len;i++){
   if(readHistory[i].postId == nowReadPost.postId){
    isContains = true;
    break
   }
```

```
  }
  if(! isContains){
   readHistory.unshift(nowReadPost);
   wx.setStorageSync(username,readHistory)
  }
  console.log(' _savePostHistory' )
},
```

最后在 onLoad( )方法中调用此方法，代码示例如下：

```
/**
*生命周期函数--监听页面加载
*/
onLoad(options) {
//获得文章编号
let postId = options.postId;
console.log("postId:" + postId);
let postData = postDao.getPostDetailById(postId);
let post = postData.data;
console.log(' postData' , postData)
this.setData({
  post: postData.data
})
//创建动画
this.setAniation();

//获取背景音乐播放器
this.data._backGroundAudioManger = wx.getBackgroundAudioManager();
//获得音乐对象
this.data._playingMusic = post.music;
//设置音乐监听器
this.setMusicMonitor();
//初始化音乐播放状态
this.initMusicStatus();
//添加文章的阅读历史记录
this._savePostHistory()
},
```

保存代码，运行测试，分别进入两篇不同的文章详情页面，查看控制中的"storage"
中的信息，如图 8-14 所示。

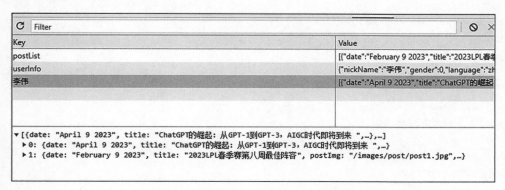

图 8-14　本地缓存保存阅读历史记录

从图 8-14 中可以看到，阅读历史记录信息已经保存到本地缓存中。

2. 完成阅读历史记录列表展示

首先创建一个用来显示阅读历史列表的页面 pro-history，创建好的目录结构如图 8-15 所示。

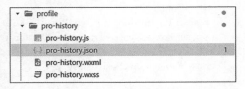

接下来构建阅读历史页面的元素与样式。

图 8-15　创建阅读历史页面目录结构

页面元素 pro-history.wxml 代码示例如下：

```
<viewclass="container">
<!--文章列表 -->
<view class="emptyMesssage" wx:if="{{postList.length <= 0}}">文章阅读历史记录为空！</view>
<block wx:for="{{postList}}" wx:for-item="post" wx:for-index="idx" wx:key="postId">
  <view class="post-container" bindtap="gotoDetail"id="{{post.postId}}">
   <view class="post-author-date">
    <image src="{{post.avatar}}" />
    <text>{{post.date}}</text>
   </view>
   <text class="post-title">{{post.title}}</text>
  </view>
</block>
</view>
```

页面样式 pro-history.wxss 代码示例如下：

```
.emptyMesssage{
 display: flex;
 justify-content: center;
 margin-top: 100rpx;
}

/*文章阅读历史列表项样式 */
.post-container {
 flex-direction: column;
 display: flex;
 margin: 20rpx 0 40rpx;
 background-color: #fff;
 border-bottom: 1px solid #ededed;
 border-top: 1px solid #ededed;
 padding-bottom: 5px;
}

.post-author-date{
 margin: 10rpx 0 20rpx 10px;
 display:flex;
 flex-direction: row;
 align-items: center;
```

```
}

.post-author-date image{
  width:60rpx;
  height:60rpx;
}
.post-author-date text{
margin-left: 20px;
}

.post-image{
  width:100%;
  height:340rpx;
  margin-bottom: 15px;
}

.post-date{
  font-size:26rpx;
  margin-bottom: 10px;
}
.post-title{
  font-size:16px;
  font-weight: 600;
  color:#333;
  margin-bottom: 10px;
  margin-left: 10px;
}

text{
  font-size:24rpx;
  font-family:Microsoft YaHei;
  color: #666;
}
```

对应的显示阅读历史记录的逻辑处理 pro-history.js 的代码示例如下：

```
const app = getApp()
Page({

  /**
  *页面的初始数据
  */
  data: {
    //文章列表
    postList: []
  },

  /**
```

```
*生命周期函数--监听页面加载
*/
onLoad(options) {
 const username = app.globalData.g_username;
 const readHistory = wx.getStorageSync(username)
 console.log(' readHistory' ,readHistory)
 this.setData({
  postList:readHistory
 })
},

//跳转到详情页面
gotoDetail(event){
 const postId = event.currentTarget.id
 wx.navigateTo({
  url: ' /pages/post-detail/post-detail? postId=' + postId,
 })
}
})
```

保存代码，运行测试，效果如图 8-16 所示。

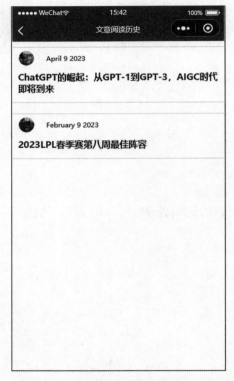

图 8-16　文章阅读历史页面显示效果

单击阅读历史列表中的每一项，页面跳转到对应的文章详情页面。

以上就是本任务的全部内容。

8.3 完成用户设置功能

8.3.1 任务描述

8.3.1.1 任务需求

在本任务中，将完成"我的"页面中"设置"按钮对应的相关功能，主要完成"设置"页面的显示功能，同时，基于微信小程序获取用户头像和昵称的最佳实践策略来完成用户头像和昵称的设置功能。

8.3.1.2 效果预览

完成本任务后，编译，进入"我的"页面，单击"设置"按钮进入"设置"页面，效果如图 8-17 所示。

在"设置"页面中单击用户头像，进入"个人信息设置"页面，如图 8-18 所示。

图 8-17 "设置"页面显示效果

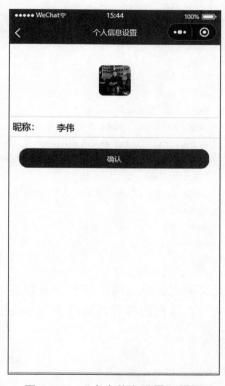

图 8-18 "个人信息设置"页面

8.3.2 任务实施

8.3.2.1 完成设置页面显示功能

本任务要完成的工作任务为：

（1）完成"设置"页面的骨架与页面样式。

（2）显示当前用户信息。

（3）完成用户信息设置功能。

具体步骤如下：

1. 完成"设置"页面的骨架与页面样式

首先需要在 pages 目录中新创建"设置"页面的文件，分别在对应 setting. wxml 文件中添加页面元素内容，代码示例如下：

```
<view class="container">
<!--显示用户信息-->
<view class="category-item personal-info">
 <view class="user-avatar" bindtap="getUserInfo">
  <image src="{{userInfo.avatarUrl}}"></image>
 </view>
 <view class="user-name">
  <view class="user-nickname">
   <text>用户名：{{userInfo.nickName}}</text>
  </view>
 </view>
</view>


<!--常用 API 的使用(缓存 API、系统消息、网络状态、当前位置与速度、二维码)-->
<view class="category-item">
 <block wx:for="{{device}}" wx:key="item">
  <view class="detail-item" catchtap="{{item.tap}}">
   <image src="{{item.iconurl}}"></image>
   <text>{{item.title}}</text>
   <view class="detail-item-btn"></view>
  </view>
 </block>
</view>
</view>
```

此页面主要分为两个部分，分别显示用户信息和微信常用 API 的内容。为了方便管理，对应显示的内容都是通过 JS 逻辑进行控制的，其 setting. js 中数据初始化代码如下：

```
Page({
/**
*页面的初始数据
*/
data: {
 device: [
  {
   iconurl: ' /images/icon/wx_app_clear.png',
   title: '缓存清理',
   tap: ' clearCache'
```

```
    },
    {
      iconurl: ' /images/icon/wx_app_cellphone.png' ,
      title: ' 系统信息',
      tap: ' showSystemInfo'
    },
    {
      iconurl: ' /images/icon/wx_app_network.png' ,
      title: ' 网络状态',
      tap: ' showNetWork'
    },
    {
      iconurl: ' /images/icon/wx_app_lonlat.png' ,
      title: ' 当前位置、速度',
      tap: ' showLonLat'
    },
    {
      iconurl: ' /images/icon/wx_app_scan_code.png' ,
      title: ' 二维码',
      tap: ' scanQRCode'
    }
    ],
    compassVal: 0,
    compassHidden: true,

    userInfo: '' ,
    nickName: '' ,
    avatarUrl: ''
  },
})
```

最后在 setting. wxss 文件中编写页面样式代码，代码示例如下：

```
/*设置页面样式 */
.container {
  background-color:#efeff4;
  width: 100% ;
  height: 100% ;
  flex-direction: column;
  display: flex;
  align-items: center;
  min-height: 100vh;
}

.avatar-img{
  width: 200rpx;
  height: 200rpx;
  border-radius: 50% ;
}
```

```
.category-item {
  width: 100%;
  margin: 20rpx 0;
  border-top: 1rpx solid #d9d9d9;
  border-bottom: 1rpx solid #d9d9d9;
  background-color: #fff;
}

.category-item.personal-info {
  height: 130rpx;
  display: flex;
  align-items: center;
  padding: 20rpx 0;
}

.category-item.personal-info .user-avatar {
  margin: 0 30rpx;
  width: 130rpx;
  height: 130rpx;
  position: relative;
}

.category-item.personal-info .user-avatar image {
  vertical-align: top;
  width: 100%;
  height: 100%;
  position: absolute;
  top: 0;
  left: 0;
  border-radius: 2rpx;
}

.category-item.personal-info .user-name {
  margin-right: 30rpx;
  flex: 1;
  padding-top: 10rpx;

}

.detail-item {
  display: flex;
  margin-left: 30rpx;
  border-bottom: 1px solid RGBA(217, 217, 217, .4);
  height: 85rpx;
  align-items: center;
}
```

```
.detail-item:last-child {
  border-bottom: none;
}

.detail-item image {
  height: 40rpx;
  width: 40rpx;

}

.detail-item text {
  color: #7F8389;
  font-size: 24rpx;
  flex: 1;
  margin-left: 30rpx;
}

.detail-item .detail-item-btn {
  width: 50rpx;
  color: #d9d9d9;
  height: 40rpx;
  margin-right: 20rpx;
  text-align: center;
}

.detail-item .detail-item-btn::after {
  display: inline-block;
  content: '';
  width: 16rpx;
  height: 16rpx;
  color: #d9d9d9;
  margin-top: 8rpx;
  border: 3rpx #d9d9d9 solid;
  border-top-color: transparent;
  border-left-color: transparent;
  transform: rotate(-45deg);
}
```

编写完成以上代码后，保存并运行项目，效果如图8-19所示。

2. 完成获取用户基本信息功能

在微信小程序中，获取用户基本信息的方法主要有 wx. getUserInfo（Object object）与 wx. getUserProfile（Object object）。考虑到用户信息安全问题，微信官方收回以上两种方法获取用户授权的个人信息的能力。调整后，调用这两种方法获取用户信息，返回的用户昵称统一为"微信用户"，头像为灰色头像，具体说明如图8-20所示。

接下来通过示例代码进行演示，在 setting. js 的 onLoad 方法中添加获取用户信息的代码，代码示例如下：

图 8-19　设置页面运行效果

调整说明

自 2022 年 10 月 25 日 24 时后（以下统称"生效期"），用户头像昵称获取规则将进行如下调整：

1. 自生效期起，小程序 wx.getUserProfile 接口将被收回：生效期后发布的小程序新版本，通过 wx.getUserProfile 接口获取用户头像将统一返回默认灰色头像，昵称将统一返回"微信用户"。生效期前发布的小程序版本不受影响，但如果要进行版本更新则需要进行适配。

2. 自生效期起，插件通过 wx.getUserInfo 接口获取用户昵称头像将被收回：生效期后发布的插件新版本，通过 wx.getUserInfo 接口获取用户头像将统一返回默认灰色头像，昵称将统一返回"微信用户"。生效期前发布的插件版本不受影响，但如果要进行版本更新则需要进行适配。通过 wx.login 与 wx.getUserInfo 接口获取 openId、unionId 能力不受影响。

3. 「头像昵称填写能力」支持获取用户头像昵称：如业务需获取用户头像昵称，可以使用「头像昵称填写能力」（基础库 2.21.2 版本开始支持，覆盖iOS与安卓微信 8.0.16 以上版本），具体实践可见下方《最佳实践》。

4. 小程序 wx.getUserProfile 与插件 wx.getUserInfo 接口兼容基础库 2.27.1 以下版本的头像昵称获取需求：对于来自低版本的基础库与微信客户端的访问，小程序通过 wx.getUserProfile 接口将正常返回用户头像昵称，插件通过 wx.getUserInfo 接口将正常返回用户头像昵称，开发者可继续使用以上能力做向下兼容。

对于上述 3，wx.getUserProfile 接口、wx.getUserInfo 接口、头像昵称填写能力的基础库版本支持能力详细对比见下表：

	小程序 wx.getUserProfile接口	插件wx.getUserInfo接口	头像昵称填写能力
基础库2.27.1及以上版本	不支持	不支持	支持
基础库2.21.2~2.27.0版本	支持	支持	支持
基础库2.10.4~2.21.0版本	支持	支持	不支持
	不支持		

图 8-20　官方对于获取用户信息调整说明

```
/**
*生命周期函数--监听页面加载
*/
onLoad(options) {
 //获取本地缓存用户信息
 wx.getUserInfo({
  success: (res) => {
   console.log("res", res);
   console.log(res.userInfo);
   this.setData({
    userInfo: res.userInfo
   })
  }
 })
},
```

保存代码，运行，效果如图 8-21 所示。

图 8-21　使用 getUserInfo 获得用户信息

从运行效果可以看到，用户名称为"微信用户"，图像为灰色图像。

结合之前介绍的用户授权知识和官方调整说明信息，这里可以读取保存到本次缓存中的用户信息。如果在授权时没有获取用户真实的信息，可以结合后面填写用户信息的功能来完成用户信息获取和用户设置。调整 setting. js 中获取用户信息的代码，示例如下：

```
/**
*生命周期函数--监听页面加载
*/
onLoad(options) {
 //获取本地缓存用户信息
 const userInfo = wx.getStorageSync(' userInfo' )
 this.setData({
   userInfo
 })
},
```

保存代码，运行，效果如图8-22所示。

图8-22　获取本地缓存用户信息

8.3.2.2　完成用户设置页面功能

1. 设置用户信息基本骨架与样式

尽管微信官方收回获取用户基本信息的能力，但高级的用户授权场景使用到的openId与unionId信息是不受影响的。也就是目前小程序开发者可以通过wx. login接口直接获取用户的openId与unionId信息，实现微信身份登录。对许多小程序的使用，用户无须提供头像和昵称。如有必要，可在个人中心或设置等页面让用户完善个人资料。具体操作是单击用户头像，进入用户设置页面，用户填写信息，然后提交信息。

接下来按照微信小程序官方提供的最佳实践来完成用户信息设置功能。首先需要创建"完善用户信息"页面 userinfo，并在"设置"页面的用户头像中添加单击跳转到 userinfo 页面功能，其代码示例如下：

```
//跳转到用户信息完善页面
getUserInfo() {
 wx.navigateTo({
  url: ' /pages/setting/userinfo/userinfo' ,
 })
}
```

在 userinfo 页面中，需要通过 button 按钮组件设置 open-type 属性的值为 chooseAvatar，当用户选择需要的头像之后，可以通过 bindchooseavatar 事件回调获取用户选择的头像信息的临时路径。同时，对用户的昵称通过 input 组件设置 type 属性的值为 nickname，通过 bindblur 事件来获取用户输入的昵称，其页面元素骨架代码示例如下：

```
<view class="container">
 <view class="container-header">
  <button class="avatar-wrapper" open-type="chooseAvatar" bind:chooseavatar="onChooseAvatar">
   <image class="avatar" src="{{avatarUrl}}"></image>
  </button>
 </view>
 <view class="nickname-wrapper">
  昵称：
  <input type="nickname" name="nickName" class="weui-input" placeholder="请输入昵称" value="{{in-
putNickName}}"  bindblur="bindblur"   />
 </view>
 <view class="controller-container">
  <view class="controller-wrapper" bindtap="saveProfileInfo">
   <text class="btn-text">确认</text>
  </view>
 </view>
</view>
```

userinfo 页面对应的样式代码示例如下：

```
.container {
 display: flex;
 flex-direction: column;
}

.container-header{
  border-bottom: 3rpx solid #f1f1f1;
}

.avatar-wrapper {
```

```
  padding: 0;
  width: 56px ! important;
  border-radius: 8px;
  margin-top: 40px;
  margin-bottom: 40px;
}

.avatar{
  display: block;
  width: 56px;
  height: 56px;
}

.nickname-wrapper{
  display: flex;
  flex-direction: row;
  padding: 15rpx 15rpx 15rpx 15rpx;
  border-bottom: 3rpx solid #f1f1f1;
}

.nickname-wrapper input{
   margin-left: 60rpx;
}

.controller-container{
  display: flex;
  align-items: center;
  justify-content: center;
}

.controller-wrapper{

  margin-top: 40rpx;
  justify-content: center;
  align-items: center;
  line-height: 70rpx;
  width: 90%;
  text-align: center;
  border-radius:30rpx;
  background-color: #d43c33
}

.btn-text{
  font-size:26rpx;
  color: #ffffff;
}
```

保存代码，运行测试，效果如图 8-23 所示。

图 8-23 完善用户信息页面显示效果

2. 设置用户信息的逻辑处理

当单击"设置"页面的用户头像后，进入"完善用户信息"页面。进入页面后，首先需要加载用户缓存的本地信息，代码示例如下：

```
const defaultAvatarUrl = ' https://mmbiz. qpic. cn/mmbiz/icTdbqWNOwNRna42FI242Lcia07jQodd2FJGIYQfG
0LAJGFxM4FbnQP6yfMxBgJ0F3YRqJCJ1aPAK2dQagdusBZg/0' ;
let _avatarUrl = ' '
let _nickName = ' '
let userInfo = null;
const app = getApp()
Page({

 /**
  *页面的初始数据
  */
 data: {
  avatarUrl: defaultAvatarUrl,
  inputNickName:' '
 },

 /**
  *生命周期函数--监听页面加载
  */
 onLoad(options) {
```

```
userInfo = wx.getStorageSync(' userInfo' );
//设置用户信息
_avatarUrl = userInfo.avatarUrl
_nickName = userInfo.nickName
this.setData({
  avatarUrl:userInfo.avatarUrl,
  inputNickName:userInfo.nickName
})
},
})
```

保存代码，运行，效果与图 8-18 一致。

在获得用户头像的 button 上注册 onChooseAvatar 方法，其主要作用就是处理用户获得的图像，代码示例如下：

```
//获得用户头像
onChooseAvatar(e) {
console.log(' onChooseAvatar' ,e)
const { avatarUrl } = e.detail
_avatarUrl = avatarUrl
this.setData({
  avatarUrl,
})
},
```

保存代码，运行测试，单击用户头像，系统会弹出选择头像对话框，效果如图 8-24 所示。

图 8-24 弹出的选择头像对话框运行效果

从图 8-24 中可以看到，用户可以使用微信头像、从相册选择、拍照等多种方式完善头像资料。需要注意的是，拍照功能在模拟器中无法使用，需要在真机上使用。

接下来完成用户输入的昵称的获取，这里使用 input 组件，通过设置 type 属性值为"nickname"，并且通过 bindblur 事件（输入框失去焦点时触发）获取用户输入昵称信息，代码示例如下：

```
//获得用户输入的昵称
bindblur(e){
  _nickName = e.detail.value
  this.setData({
   inputNickName:e.detail.value
  })
},
```

保存代码，运行测试，当用户单击准备输入用户昵称信息时，效果如图 8-25 所示。

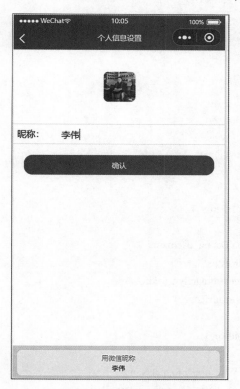

图 8-25   用户输入昵称

从图 8-25 可以看到，当 input 的 type 属性设置为"nickname"时，系统也会弹出直接输入用户微信昵称的选择按钮，方便用户直接选择录入，当然，用户也可以不选择使用微信昵称作为当前应用的昵称，重新输入。需要注意的是，当用户输入自定义的昵称时，系统会异步进行内容合法性审核，会把当前的信息清空。在模拟器上进行测试时，无法通过 e. detail. value 获取用户输入的用户昵称，但在真机上测试就可以。

完成头像选择和昵称的信息输入后，单击"确认"按钮对用户信息进行保存。代码示例如下：

```
//保存用户信息
saveProfileInfo(){
    console.log(' saveProfileInfo' ,_avatarUrl)
    console.log(' inputNickName' ,_nickName)
    console.log(' userInfo' ,userInfo)
    userInfo.nickName = _nickName;
    userInfo.avatarUrl = _avatarUrl;
    wx.setStorageSync(' userInfo' , userInfo)
    //更新文章阅读历史信息
    this._updateReadHistory()
    //用户提醒
    wx.showToast({
     title: ' 用户设置成功' ,
     icon: ' success' ,
     duration: 2000,
     success:()=>{
        wx.navigateBack()
     }
    })

},
//更新阅读历史信息
_updateReadHistory(){
    console.log(' _updateReadHistroy' )
    //重新设置阅读历史
    const oldKey = app.globalData.g_username
    console.log(' oldKey' ,oldKey)
    const readHistory = wx.getStorageSync(oldKey)
    console.log(' readHistory' ,readHistory)
    //删除原有内容
    wx.removeStorageSync(oldKey)
    //重新设置全局变量
    app.globalData.g_username = userInfo.nickName
    wx.setStorageSync(app.globalData.g_username, readHistory)
}
```

在保存用户信息时，由于用户昵称发生了变化，需要对当前用户的阅读历史信息进行更新。当然，在实际的场景开发中不会这样处理，也是通过用户 openId 的 key 来保存阅读历史的缓存信息，这样，在重新设置用户的昵称时，不用更新阅读历史记录信息。

保存代码，运行测试。重新选取用户头像和输入昵称，如图 8-26 所示。

完成输入信息后，单击"确认"按钮，完善用户信息的操作完成，如图8-27所示。

图8-26 用户重新输入头像和昵称信息

图8-27 用户信息设置完成后用户信息更新

以上完成了用户设置功能的全部内容。

8.4 完成设置页面其他 API 的使用演示功能

8.4.1 任务描述

8.4.1.1 任务需求

在上一任务中，完成了设置页面中"完善用户信息"的功能，在本任务中将完成设置页面其他功能，包括数据缓存管理、系统信息、网络状态、当前位置和速度及二维码功能。这些功能更多的是展示微信小程序 API 的使用示例小集合。

8.4.1.2 效果预览

完成本任务后，编译完成后，进入"设置"页面，单击"缓存清理"按钮，系统弹出清理缓存提示框，如图8-28所示。

单击"系统信息"，显示当前设备的基本信息，如图8-29所示。

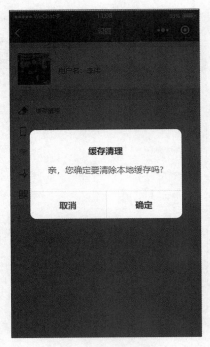

图 8-28　缓存清理提示框

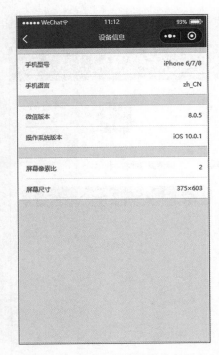

图 8-29　当前设备的基本信息显示

单击"网络状态"，显示当前设备的网络状态信息，如图 8-30 所示。

单击"当前位置和速度"，显示当前设备的位置与速度信息，如图 8-31 所示。

图 8-30　显示当前网络状态信息

图 8-31　显示当前位置和速度信息

单击"二维码"，选择二维码，读取对应二维码，执行效果如图 8-32 所示。

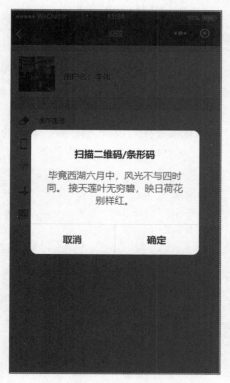

图 8-32　读取二维码的效果

8.4.2　任务实施

8.4.2.1　完成数据缓存管理功能

在前面的单元中，介绍了关于微信小程序的缓存管理的 API，本任务实现清除数据缓存。当用户单击设置页面的"缓存清理"选项时，首先会弹出一个 modal（模态）对话框，如果用户单击"确定"按钮，就可以清除用户的数据缓存。

setting 页面有许多选项通过 modal 窗口由用户进行操作，所以在 setting.js 文件中添加一个显示 modal 的方法，代码示例如下：

```
//显示模态窗口
showModal(title, content, callback) {
 wx.showModal({
  title: title,
  content: content,
  confirmColor: '#1F4BA5',
  cancelColor: '#7F8389',
  success: (res) => {
   if (res.confirm) {
    callback && callback();
```

```
      }
    }
  })
},
```

showModal 方法只是对微信 API 中的 wx. showModal 做了简单的封装，设置了通用的演示。showModal 方法还接收一个回调函数 callback，用户单击"确定"按钮后，执行这个回调函数。

接着在 setting. js 中添加关于清除缓存的逻辑，添加一个新的方法 clearCache，其代码示例如下：

```
// 缓存清理
clearCache() {
  this.showModal(' 缓存清理', ' 亲,您确定要清除本地缓存吗? ', function () {
    wx.clearStorage({
      success: (res) => {
        wx. showToast({
          title: ' 缓存清理成功',
          duration: 1000,
          mask: true,
          icon: "success"
        })
      },
      fail: (e) => {
        console.log(e);
      }
    })
  });
},
```

以上代码是通过异步缓存操作的方法编写的，比同步方法要麻烦一些。关于同步和异步的选择，需要根据实际的需求来决定，但在一般情况下优先选择同步方式。

保存代码，运行测试，运行效果与图 8-28 一致。用户单击"确定"按钮后执行完成，查看模拟器的缓存，如图 8-33 所示。

图 8-33 执行缓存清理后 Storage 控制台

由图可见，应用中缓存数据已经全部清理完成。

8.4.2.2　完成获取系统信息功能

在微信小程序中获取的系统信息需要在一个新的页面显示，因此需要新建一个 device 子页面。可以直接在 app. json 文件的 pages 数组下新增 device 页面的路径，代码示例如下：

```
"pages/setting/device/device"
```

保存代码，微信开发工具会自动创建对应页面文件。

接下来完成单击设置页面的"系统信息"时，页面跳转到 device 子页面。需要在 setting. js 中添加一个处理跳转逻辑方法 showSystemInfo，代码示例如下：

```
//显示系统信息
showSystemInfo() {
  wx.navigateTo({
    url: ' device/device' ,
  })
},
```

单击"系统信息"后，页面跳转到 device 页面。接下来需要分别完成 device 子页面的骨架和样式。

device 页面的骨架代码示例如下：

```
<!--显示系统信息页面 -->
<view class="container">
  <view class="category-item">
    <block wx:for="{{phoneInfo}}">
      <view class="detail-item">
        <text>{{item.key}}</text>
        <text>{{item.val}}</text>
      </view>
    </block>
  </view>
  <view class="category-item">
    <block wx:for="{{softInfo}}">
      <view class="detail-item">
        <text>{{item.key}}</text>
        <text>{{item.val}}</text>
      </view>
    </block>
  </view>
  <view class="category-item">
    <block wx:for="{{screenInfo}}">
      <view class="detail-item">
        <text>{{item.key}}</text>
        <text>{{item.val}}</text>
      </view>
    </block>
  </view>
</view>
```

device 页面的样式代码示例如下：

```
/*显示系统信息样式 */
.container {
  background-color: #efeff4;
  width: 100%;
  height: 100%;
  flex-direction: column;
  display: flex;
  align-items: center;
  min-height: 100vh;
}
.category-item {
  width: 100%;
  margin: 20rpx 0;
  border-top: 1rpx solid #d9d9d9;
  border-bottom: 1rpx solid #d9d9d9;
  background-color: #fff;
}
.detail-item{
  display: flex;
  margin-left: 30rpx;
  border-bottom: 1px solid RGBA(217, 217, 217, .4);
  height:85rpx;
  align-items: center;
}
.detail-item:last-child{
  border-bottom:none;
}
.detail-item text{
  color:#7F8389;
  font-size:24rpx;
  flex:1;
}
.detail-item text:last-child{
  color:#7F8389;
  font-size:24rpx;
  flex:1;
  text-align: right;
  padding-right: 20rpx;
}
```

在获取系统信息后，使用 getSystemInfoAsync 方法或者 getSystemInfo 方法获取系统信息，前者是异步方法，后者是同步方法。

接下来在 device.js 文件中新增获取系统信息的逻辑，其代码示例如下：

```
/**
 *生命周期函数--监听页面加载
 */
onLoad: function (options) {
```

```
wx.getSystemInfoAsync({
  success: (result) => {
    this.setData({
      phoneInfo:[
        {key:'手机型号',val:result.model},
        {key:'手机语言',val:result.language}
      ],
      softInfo:[
        {key:'微信版本',val:result.version},
        {key:'操作系统版本',val:result.system}
      ],
      screenInfo:[
        {key:'屏幕像素比',val:result.pixelRatio},
        {key:'屏幕尺寸',val:result.windowWidth + '×' + result.windowHeight}
      ]
    });
  },
})
},
```

这里获取了手机型号、手机语言、微信版本、操作系统、屏幕像素比和屏幕尺寸信息。保存代码，运行测试，效果与图 8-29 一致。

8.4.2.3 完成获取网络状态信息功能

微信框架中提供了 wx. getNetworkType 作为获取当前网络状态的接口。获取网络状态是一个异步方法，方法回调函数中可以接受一个 res 参数，使用 res. networkType 可以获得当前移动设置的网络。网络状态有 6 种状态，如图 8-34 所示。

networkType	string	网络类型
合法值	说明	
wifi	wifi 网络	
2g	2g 网络	
3g	3g 网络	
4g	4g 网络	
5g	5g 网络	
unknown	Android 下不常见的网络类型	
none	无网络	

图 8-34 官方文档提供的 6 种网络状态说明

在 setting. js 文件中添加获取网络状态的逻辑，代码示例如下：

```
//获取网络状态
showNetWork() {
 wx.getNetworkType({
  success: (result) => {
   let netWorkType = result.networkType;
   this.showModal('网络状态','您当前的网络:' + netWorkType);
  },
 })
}
```

保存代码，运行，效果与图 8-30 一致。

8.4.2.4 完成获取当前位置与当前速度信息功能

在微信框架中，位置及地图相关的 API 都位于"位置"这个部分，获取当前位置与当前速度信息，需要使用微信框架中提供的 wx. getLocation(Object)方法，其具体功能为获取当前的地理位置、速度。当用户离开小程序后，此接口无法调用。开启高精度定位，接口耗时会增加，可指定 highAccuracyExpireTime 作为超时时间。地图使用的坐标格式应为 gcj02。高频率调用会导致耗电，如有需要，可使用持续定位接口 wx. onLocationChange。

Object 参数说明如图 8-35 所示。

参数					
Object object					
属性	类型	默认值	必填	说明	最低版本
type	string	wgs84	否	wgs84 返回 gps 坐标，gcj02 返回可用于 wx.openLocation 的坐标	
altitude	boolean	false	否	传入 true 会返回高度信息，由于获取高度需要较高精确度，会减慢接口返回速度	1.6.0
isHighAccuracy	boolean	false	否	开启高精度定位	2.9.0
highAccuracyExpireTime	number		否	高精度定位超时时间(ms)，指定时间内返回最高精度，该值 3000ms 以上高精度定位才有效果	2.9.0
success	function		否	接口调用成功的回调函数	
fail	function		否	接口调用失败的回调函数	
complete	function		否	接口调用结束的回调函数（调用成功、失败都会执行）	

图 8-35　getLocation(Object) 方法 Object 参数说明

其中，success 回调函数接收一个 Object 参数，其具体数据信息如图 8-36 所示。

Object res			
属性	类型	说明	最低版本
latitude	number	纬度，范围为 -90~90，负数表示南纬	
longitude	number	经度，范围为 -180~180，负数表示西经	
speed	number	速度，单位 m/s	
accuracy	number	位置的精确度，反应与真实位置之间的接近程度，可以理解成10即与真实位置相差10m，越小越精确	
altitude	number	高度，单位 m	1.2.0
verticalAccuracy	number	垂直精度，单位 m（Android 无法获取，返回 0）	1.2.0
horizontalAccuracy	number	水平精度，单位 m	1.2.0

图 8-36　getLocation 方法 success 回调函数 Object 参数说明

在 setting. js 中添加 getLonLat 和 showLonLat 方法，代码示例如下：

```
//获取当前为止经纬度与当前速度
getLonLat(callback) {
 wx.getLocation({
   altitude: ' false' ,
   type: ' gcj02' ,
   success: (res) => {
    callback(res.longitude, res.latitude, res.speed);
   }
 })
},
//显示位置坐标与当前速度
 showLonLat() {
  this.getLonLat((lon, lat, speed) => {
   let lonStr = lon >= 0 ? '东经' : '西经',
    latStr = lat >= 0 ? '北纬' : '南纬';
   lon = lon.toFixed(2);
   lat = lat.toFixed(2);
   lonStr += lon;
   latStr += lat;
   speed = (speed || 0).toFixed(2);
   this.showModal('当前位置和速度', '当前位置:' + lonStr + ',' + latStr + '。速度:' + speed + 'm/s');
  })
},
```

由于本功能涉及位置权限的获取，需要在 app. json 中进行权限配置，代码示例如下：

```
"permission": {
 "scope.userLocation": {
   "desc": "你的位置信息将用于小程序位置接口的效果展示"
 }
},
```

保存代码，运行。需要注意的是，如果用户是第一次获取位置，需要用户主动授权，类似于获取用户基本信息。当用户同意授权后，显示用户"当前位置和速度"。

8.4.2.5　完成扫描二维码功能

微信框架的"设备/扫码"中提供了 wx. scanCode(Object)，其功能是调出客户端扫码界面进行扫码，其 Object 参数对象属性如图 8-37 所示。

Object object					
属性	类型	默认值	必填	说明	最低版本
onlyFromCamera	boolean	false	否	是否只能从相机扫码，不允许从相册选择图片	1.2.0
˅ scanType	Array.<string>	['barCode', 'qrCode']	否	扫码类型	1.7.0
success	function		否	接口调用成功的回调函数	
fail	function		否	接口调用失败的回调函数	
complete	function		否	接口调用结束的回调函数（调用成功、失败都会执行）	

图 8-37　wx. scanCode(Object) 方法 Object 参数说明

接下来，实现扫码二维码读取信息。在 setting. js 中添加 scanQRCode 方法，其示例代码如下：

```
//扫描二维码
 scanQRCode() {
  wx.scanCode({
   onlyFromCamera: false,
   success: (res) => {
    console.log(res);
    this.showModal(' 扫描二维码/条形码', res.result, false);
   },
   fail: (res) => {
    this.showModal(' 扫描二维码/条形码',' 扫码失败,请重试', false);
   }
  })
 }
```

完成以上代码后，如果在模拟器中单击"二维码"，系统就会打开"操作系统文件选择"对话框，让你选择一种二维码的图片；如果是在真机上，就会打开相机让你扫描。

使用模拟器时，选择如图 8-38 所示二维码，将弹出一个对话框显示宋代诗人杨万里的《晓出净慈寺送林子方》，运行，效果与图 8-31 一致。

图 8-38　示例二维码

- 完成"我的"页面功能。
- 完成用户文章阅读历史功能。
- 完成用户设置功能。
- 完成设置页面其他 API 的使用演示功能。

单元自测

1. 微信小程序中，关于获取用户基本信息的说法，错误的是（　　）。

A. 微信小程序的 API 提供了 wx. getUserInfo 和 wx. getUserProfile 方法获取用户基本信息

B. 当前版本中，使用 wx. getUserInfo 方法获取的用户信息，昵称名为"微信用户"，头像为"灰色头像"，其他信息无法获取

C. 2022 年 5 月 25 日 24 时之后，微信官方收回 wx. getUserProfile 接口的使用，因此，调用此方法就会有异常

D. 对于 wx. getUserInfo 和 wx. getUserProfile 方法的使用，微信官方进行调整后，尽管无法获得微信用户详细信息，但对于获取用户 openId 的能力不受影响

2. 下列选项中，关于小程序 API 的描述，错误的是（　　）。

A. onPullDownRefresh 实现页面下拉刷新

B. wx. getImageInfo 获取图片信息

C. wx. openLocation 打开当前位置

D. wx. checkLogin 检查登录状态是否过期

3. 下列选项中，不属于 wx. openDocument 方法支持的文件类型是（　　）。

A. pdf 文件　　　　　　B. word 文件　　　　　　C. png 文件　　　　　　D. ppt 文件

4. 下列关于小程序数据缓存 API 的说法，错误的是（　　）。

A. wx. setStorage 异步保存数据缓存

B. wx. getStorageInfoSync 同步获取当前 storage 的相关信息

C. wx. getStorage 从本地缓存中异步获取指定 key 的内容

D. 异步方式需要执行 try…catch 捕获异常来获取错误信息

5. 下列关于在微信小程序中文件下载 API 的使用的说法，正确的是（　　　）。

A. wx. downloadFile（Object）方法 Object 参数中的 url 属性和 filePath 为必填项

B. 在微信小程序中，单次下载的文件大小不能超过 200 MB

C. 使用 downloadFile 方法实现多文件下载，最多并发不能超过 5 个

D. 在文件下载成功的回调方法中，文件下载临时保存到 tempFilePath 变量中

上机实战

上机目标

- 掌握 iconfont 的使用。
- 通过阅读官方 API 文档，掌握其他 API 的使用。

上机练习

◆第一阶段◆

练习 1：基于本单元项目案例，使用 iconfont 方式显示"设置"页面的图标的显示功能。

【问题描述】

使用 iconfont 字体图标的方式替代使用<image>组件显示图标。

【问题分析】

使用<image>组件和本地图标资源的结合来显示图标的方式，尽管可以实现图标导航显示的功能，但微信小程序的上线打包有文件大小的限制，为了减小打包文件的大小，使用 iconfont 字体图标来替代使用<image>组件显示图标的方式。

【参考步骤】

（1）打开 iconfont 图标网站，在原有项目中搜索对应图标，并根据项目设计的要求添加对应的图标，如图 8-39 所示。

图 8-39　在项目中添加新的图标

（2）更新 iconfont. wsxx 样式，代码示例如下：

```css
@font-face {
  font-family: "iconfont"; /*Project id 3276826 */
  src: url(' //at.alicdn.com/t/c/font_3276826_ofuw8mveo.woff2? t=1691740316050' ) format(' woff2' ),
      url(' //at.alicdn.com/t/c/font_3276826_ofuw8mveo.woff? t=1691740316050' ) format(' woff' ),
      url(' //at.alicdn.com/t/c/font_3276826_ofuw8mveo.ttf? t=1691740316050' ) format(' truetype' );
}

.iconfont {
  font-family: "iconfont" ! important;
  font-size: 16px;
  font-style: normal;
  -webkit-font-smoothing: antialiased;
  -moz-osx-font-smoothing: grayscale;
}

.icon-erweima:before {
  content: "\e642";
}

.icon-wuxianwangluo:before {
  content: "\e66c";
}

.icon-shouji:before {
  content: "\e637";
}

.icon-weibiaoti-3:before {
  content: "\e601";
}

.icon-qingkong:before {
  content: "\e78c";
}

.icon-gengduo:before {
  content: "\e620";
}

.icon-_shezhi:before {
  content: "\e61b";
}

.icon-lishi:before {
  content: "\e60e";
}
```

（3）在 settting. js 的 device 的数据中添加对应的 iconfont 样式，代码示例如下：

```
device: [
 {
  iconfontclass:' iconfont icon-qingkong' ,
  iconurl: ' /images/icon/wx_app_clear.png' ,
  title: ' 缓存清理' ,
  tap: ' clearCache'
 },
 {
  iconfontclass:' iconfont icon-shouji' ,
  iconurl: ' /images/icon/wx_app_cellphone.png' ,
  title: ' 系统信息' ,
  tap: ' showSystemInfo'
 },
 {
  iconfontclass:' iconfont icon-wuxianwangluo' ,
  iconurl: ' /images/icon/wx_app_network.png' ,
  title: ' 网络状态' ,
  tap: ' showNetWork'
 },

 {
  iconfontclass:' iconfont icon-weibiaoti-3' ,
  iconurl: ' /images/icon/wx_app_lonlat.png' ,
  title: ' 当前位置、速度' ,
  tap: ' showLonLat'
 },
 {
  iconfontclass:' iconfont icon-erweima' ,
  iconurl:' /images/icon/wx_app_scan_code.png' ,
  title: ' 二维码' ,
  tap: ' scanQRCode'
 }
```

（4）在 setting. wxml 文件中把 image 组件的显示方式修改为 iconfont，代码示例如下：

```
<view class="category-item">
 <block wx:for="{{device}}" wx:key="item">
  <view class="detail-item" catchtap="{{item.tap}}">
   <!--<image src="{{item.iconurl}}"></image> -->
   <i class="{{item.iconfontclass}}"></i>
   <text>{{item.title}}</text>
   <view class="detail-item-btn"></view>
  </view>
 </block>
</view>
```

加粗代码为新添加的 iconfont 字体的显示代码。

保存代码，运行，效果如图 8-40 所示。

图 8-40 使用 iconfont 字体图标显示导航图标

◆第二阶段◆

练习 2：查阅微信官方 API 文档，在本单元项目案例基础上实现文件上传功能。

【问题描述】

在项目"设置"页面添加"文件上传"选项，用户单击此按钮，选项文件实现文件上传到服务器端。

【问题分析】

根据问题描述，可以参考微信官方文档 API 菜单"网络"类别中关于"文件上传"wx. uploadFile 方法的使用说明。

需要注意的是，当前的文件上传功能需要服务器端的支持，因此，测试时需要提供文件服务器的支持，这里提供基于 Java 的 SpringBoot 的实现，也可以使用其他服务器语言进行实现。服务器上传图片的代码如下：

```
@RestController
public class FileController {
    @PostMapping("/file/upload")
    public ResultInfo file(@RequestParam("file") MultipartFile file ) {
        System.out.println("=====file=======");
        System.out.println(file.getOriginalFilename()); // 文件名
        System.out.println(file.getContentType()); // 文件类型
        System.out.println(file.getSize()); // 文件大小
```

```java
        // 获得文件上传路径
        String path = null;
        try {
            path = ResourceUtils.getURL("classpath:").getPath() + "/static/uploadfiles";
            System.out.print("文件上传路径:" + path);
            File dest = new File(path);
            if(!dest.exists()){
                dest.mkdirs();
            }
            String fileName = file.getOriginalFilename();
            file.transferTo(new File(dest,fileName));
            ResultInfo  result = new ResultInfo(true,"文件上传成功");
            return result;
        } catch (IOException e) {
            e.printStackTrace();
            ResultInfo  result = new ResultInfo(false,"文件上传失败" + e.getMessage());
            return result;
        }
    }

class ResultInfo {
    private boolean success;
    private String message;

    public ResultInfo() {
    }

    public ResultInfo(boolean success, String message) {
        this.success = success;
        this.message = message;
    }

    public boolean isSuccess() {
        return success;
    }
    public void setSuccess(boolean success) {
        this.success = success;
    }
    public String getMessage() {
        return message;
    }
    public void setMessage(String message) {
        this.message = message;
    }
  }
}
```